非金属矿物
负载型光催化复合材料

孙志明　李春全　郑水林　著

中国建材工业出版社

图书在版编目（CIP）数据

非金属矿物负载型光催化复合材料/孙志明，李春全，郑水林著．--北京：中国建材工业出版社，2021.9

ISBN 978-7-5160-2797-4

Ⅰ.①非… Ⅱ.①孙…②李…③郑… Ⅲ.①光催化
－复合材料 Ⅳ.①TB33

中国版本图书馆CIP数据核字（2021）第035941号

内 容 简 介

本书主要内容包括非金属矿物负载型光催化复合材料的制备工艺及原理，多孔、层状、纤维状或棒状非金属矿物负载型光催化复合材料的结构与性能及其在废水处理、室内空气污染等环境治理领域的应用基础。

本书可供从事矿物材料、复合材料、无机非金属材料、纳米材料等材料科学与工程领域以及矿物加工、环境工程、建材、化工、轻工、纺织等相关领域的科研与技术人员以及高等院校师生参考。

非金属矿物负载型光催化复合材料

Feijinshu Kuangwu Fuzaixing Guangcuihua Fuhe Cailiao

孙志明　李春全　郑水林　著

出版发行：中国建材工业出版社

地　　址：北京市海淀区三里河路1号

邮　　编：100044

经　　销：全国各地新华书店

印　　刷：北京天恒嘉业印刷有限公司

开　　本：710mm×1000mm　1/16

印　　张：13

字　　数：240千字

版　　次：2021年9月第1版

印　　次：2021年9月第1次

定　　价：**138.00元**

前　　言

与化学氧化法、物理吸附法、微生物处理法等传统环境治理技术相比，光催化技术可将光能转化为化学能处理环境中的各类污染物，具有处理效率高、能耗低、降解彻底且无二次污染等优势，是一种绿色环保的环境污染治理技术，在环保领域具有良好的应用前景。但是，由于纳米级光催化材料存在颗粒极细、分散性差、难回收、成本高等缺陷，限制了其在实际中的大范围推广应用。因此，开发可低成本应用的高活性光催化材料，成为目前光催化领域的研究热点与难点，也成为光催化技术大规模、实用化的关键。

天然非金属矿物包含多孔矿物（硅藻土、沸石、膨胀蛭石、膨胀珍珠岩等）、层状硅酸盐矿物（高岭石、蒙脱石、伊利石、累托石等）、纤维或棒状矿物（海泡石、凹凸棒石、埃洛石等），具有孔隙发达、比表面积大、表面基团丰富、良好的化学与热稳定性等特征，而且资源储量丰富，价廉易得。天然矿物作为光催化剂的载体，不仅能有效解决纳米颗粒在环保领域应用过程中的团聚问题，还能在一定程度上改善催化剂对目标污染物的吸附性能，也便于催化剂使用后的快速分离回收，进而可以构建一种兼具快速吸附-高效降解功能的协同降解体系。近年来，以天然矿物作为催化剂载体制备负载型复合光催化材料已成为矿物材料领域研究的热点。

本书作者团队自2002年开始从事非金属矿物负载型光催化复合材料及其在环保领域的应用研究，从非金属矿物独特的微观结构（多孔、层状、纤维状等）与表界面特性（官能团、反应活性、表面荷电等）出发，通过对天然矿物表面改性与功能复合，开发了一系列具有重要科学意义和良好应用前景的矿物负载型复合催化材料，还重点研究了其在环境治理、生态修复、人类健康等领域的应用性能，取得了丰富的研究成果。2014年以来，在"十二五"国家科技计划重点项目课题（硅藻土复合光催化材料，2010BAE00316-07）、国家重点研发计划项目子课题（海泡石、凹凸棒石复合光催化材料，2017YFB0310803-4）、国家自然科学基金青年基金项目（蒙脱石、累托石复合光催化材料，51504263）、霍英东青年教师基金（硅藻土复合光催化材料，171042）、北京市自然科学基金（高岭石复合光催化材料，2202044）、中国科协青年人才托举工程项目（伊利石复合光催化材料，2017QNRC001）、中央高校基本科研业务费专项资金（2021JCCXHH04、2021YJSHH08）等资助下，制备了一系列非金属矿物负载型光催化复合材料，构建了矿物吸附与光催化协同降解体系，并对材料制备方法与界面复合机制、构效关系、光催化增强机理、吸附-降解协同关系以及其在有机废水、室内空气污染等环境治理领域的应用技术基础进行了系统与深入研究。

本书主要根据作者团队十余年的科研成果整理而成，从材料制备、结构与性能研究、应用等几个方面系统介绍了不同类型的非金属矿物负载型光催化复合材料的制备方法、结构与复合原理、性能特点及其在环保领域的应用。全书共5章，第1~3章、第5章由孙志明教授撰写，第4章由李春全博士撰写，全书由郑水林教授审定。

在本书即将付梓出版之际，感谢科技部、国家自然科学基金委、北京市自然科学基金委、霍英东教育基金会、中国科协等给予的立项支持！感谢支持本项目研究的合作企业：临江宝健木业有限公司、临江宝健纳米复合材料科技有限公司、湖北钟祥名流累托石科技有限公司、临江市北峰硅藻土有限公司、兰舍硅藻新材料有限公司！感谢参与本项目的研究生：汪滨、孙青、张广心、董雄波、胡小龙、谭烨、袁方、张祥伟、王利剑、刘月、白春华、郑黎明、舒锋、文明、卢芳慧、徐春宏、演阳、杨涛、宋兵、杨重卿！同时感谢参与了本书编写工作的研究生：张广心、谭烨、董雄波、胡小龙、袁方、张祥伟、殷昌久！衷心感谢你们！

最后，感谢支持本书出版的专家以及中国建材工业出版社的领导和编校人员！谢谢！

作者

2021年3月于北京

目　　录

1 绪　论

1.1 光催化

1.1.1 基本概念

光催化一般是多种相态之间的催化反应，指光催化材料在光照条件下所起到催化作用的化学反应。作为光催化剂的半导体物质，本身具有特殊的能带结构，由价带、导带及二者之间的禁带组成。光催化反应主要包括三个过程：光的吸收与激发；光生电子空穴的转移、分离与复合；光催化剂表面的氧化-还原反应。当入射光的能量（$h\nu$）等于或超过半导体带隙（ΔE_g）时，电子从价带跃迁到导带，在价带和导带分别生成空穴和电子，即产生电子-空穴对（荷电载流子）。分离后的电子和空穴一部分发生体内复合和表面复合，以热能或其他形式散发掉，另一部分迁移到表面，与表面吸附的物质发生氧化-还原反应。当存在合适的俘获剂、表面缺陷态或电场等作用时，电子空穴的复合可被抑制。光生空穴和电子被光催化剂表面吸附的 OH^-、H_2O 和 O_2 等捕获，反应生成氧化性强的羟基自由基（$\cdot OH$）和超氧离子自由基（$\cdot O_2^-$）等活性物质，在环境治理过程中表面吸附的有机污染物与自由基反应，最终被氧化成 CO_2、H_2O 等无机小分子。对于光催化过程来说，光生载流子扩散到半导体的表面并与电子给体或受体发生作用才是有效的。通常，减小光催化材料的颗粒尺寸，可以有效地减小荷电载流子复合概率，提高荷电载流子迁移效率，从而增大扩散到表面的载流子浓度，进而提高光催化活性和效率。光激发导致的电子-空穴对的产生以及它们的扩散迁移是一种典型的光物理过程，空穴和电子分别与表面吸附的电子给体和电子受体反应是光化学过程，而这些过程受到光催化剂体相结构、表面结构和电子结构的影响。因此，理想的半导体光催化材料除了具有合适的带隙能级外，还应该同时具备原料易得、价格低廉、活性高、稳定性强、方便回收利用等特点。

与化学氧化法、物理吸附法、微生物处理法等方法相比，利用光催化技术降解环境污染物，处理效率高且能耗低，降解彻底，不会造成二次污染，是一种绿色环保的环境污染治理技术，在环保领域具有极大的应用前景。但是，由于纳米级光催化材料存在颗粒极细、分散性差、回收难、成本高等缺陷，限制了其在实际中的大范围推广应用。因此，开发可低成本应用的高活性可见光响应型光催化材料，成为目前光催化领域的研究热点与难点，以及光催化技术大规模实用化的关键。

1.1.2 光催化反应机制

1873 年，史密斯在实验中发现硒的电阻测量值在不同光强度下有很大的差异，并由此发现了部分半导体在光作用下会出现电导增加的现象。数年后，赫兹在前人的实验现象基础上将各种因光致电的现象统称为光电效应。根据固体能带理论的模型，与金属导体不同，半导体材料的能级结构是分离不连续的。半导体晶体中分子或原子相互作用的最低态空轨道（简称 LUMO）会互相影响形成空置的高能态导带（conduction band，CB），而其最高态占据轨道（简称 HOMO）互相影响形成充满电子的低能态价带（valence band，VB）。半导体材料中的电子在价带和导带之间是离域化的，可以自由移动。当导带电子和价带空穴之间的平衡浓度由于某种原因被扰动，就会导致非平衡的少数荷电载流子复合产生光子或者迁移至半导体表面与反应物发生反应。造成这种情况的原因是半导体吸收光能产生光生电子-空穴对，而载流子在导带与价带之间会发生跃迁。导致这种跃迁现象的机理包括以下三种：①受激吸收：当半导体吸收了具有适当能量的光子，并将其能量传导给价带中的电子，使之具备足够的能量能够跃迁至导带上，从而产生了电子-空穴对；②自发发射：若某些特殊半导体的导带与价带中本来就存在一定数量的电子和空穴，在热平衡的条件下，导带中电子具备一定的概率会与价带中的空穴发生复合并以光子形式释放出所产生的能量；③受激发射：在具有适当能量的光子激励下，导带电子与价带空穴发生非自发复合过程，由此产生的光子与激发该过程的光子具有完全相同的特性。

通常情况下，半导体的能带结构由充满电子的低能态价带和空置的高能态导带构成，价带顶端至导带底端这一段区域被定义为禁带。本书所描述的光催化剂主要指固体无机半导体，其禁带结构比较特殊，是一个间断的不连续区域，决定了其响应的光的波长范围。半导体光催化剂的光吸收阈值 λ_g 与禁带宽度 E_g 有关，即 $\lambda_g = 1240/E_g$。当光催化剂被能量大于或者等于禁带宽度（band gap，E_g）的光子激发后，低能态价带上的电子（photo-generated electron，e^-）吸收了光子的能量并跃迁至高能态的导带上，同时在价带上留下光生空穴（photo-generated hole，h^+），在特定的电场作用下光生电子-空穴对会发生分离并分别转移至表面。其中，光生电子具有较强的还原能力，可与半导体表面被吸附的物质发生还原反应，而光生空穴具备较强的氧化能力，可夺取表面被吸附物质的电子，使物质被氧化降解。普遍的光催化反应过程中光生电子-空穴对会经历多种反应途径，主要的反应途径是复合和捕获两个过程，其中复合过程占主要部分。光催化反应机理如图 1.1 所示，在特定波长的光照条件下，当光催化剂吸收的光子能量大于或等于其禁带宽度时，位于价带的电子（e^-）受激会与空穴发生分离，同时跃迁至导带，在价带上留下空穴（h^+）（路径 a），并在电场作用下迁移至光催化剂的表面，而光催化剂表面吸附的电子，受体可俘获光生电子，从而被还原降解（路径 c），光催化剂表面的电子供体则被俘获迁移至表面空穴处，发生氧化反应（路径 b）；同时光催化反应过程中也存在着电子-空穴对重新发生复合的情况，而之前吸收的能量则会以热量或荧光的形式释放出去。如果光生电子在迁移途中与空穴恰好相遇而发生复合，则这种情况被称为体内复合（路径 e）；如果光生电子迁移至半导体表面，因未及时与吸附物质反应而与表面空穴复合，这种情形被称为表面复合（路径 d）。

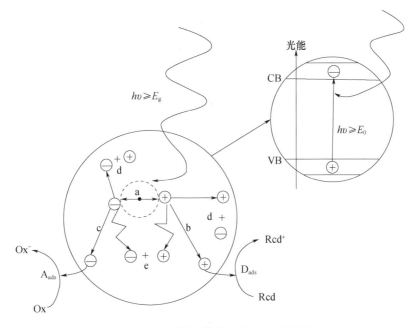

图 1.1　半导体光催化反应机理示意图

从光催化反应的角度来说，产生的光生载流子（即光生电子-空穴对）被俘获并与光催化剂表面吸附的电子供体和受体发生氧化-还原反应，这种情况才是有效的反应途径。因此，长期以来，量子效率被定义为每吸收 1mol 光子，反应物的转化量或产物的生成量，这也是广大从事光催化领域的科研工作者衡量光催化反应效率和光催化剂优劣的重要指标。由定义可知，光催化反应的量子效率是由光生载流子的复合概率决定（包括体内和表面复合）的，而光生载流子的复合概率主要取决于两个因素：光生电子-空穴对在光催化剂表面的俘获过程以及迁移过程。一般情况下，光生电子-空穴对的复合过程远快于捕获-转移过程。然而，在实际的光催化反应过程中，只有捕获-转移的光生载流子才有可能进一步发生光催化分解或降解过程。目前的研究瓶颈在于所研究的光催化剂的总量子效率普遍较低。因此，如何有效地转移光生电子-空穴对、降低光生载流子的复合概率以提高量子效率，已经成为光催化研究领域的一个重要研究方向。

1.1.3 光催化反应的主要影响因素

光催化材料的光催化反应活性受诸多因素的影响，典型的因素包括如下几种。

1. 晶型结构及组成

以常见的二氧化钛光催化材料为例，板钛矿和 TiO_2-B（单斜晶系）晶型的 TiO_2 结构不稳，研究较少，因而用于光催化剂的 TiO_2 晶型主要有锐钛矿相和金红石相两种。结构上的差异使得两者在电子能带结构及晶格缺陷等方面明显不同。锐钛矿相 TiO_2 由于禁带宽度较大、导带位置更低、晶格缺陷丰富，产生的低价钛（Ti^{2+}、Ti^{3+} 等）可作为电子捕获阱延长光生空穴的寿命，从而提高光催化活性；而金红石相则具有较好的晶化态，对氧的吸附较弱，光生载流子易复合，因此催化活性不如前者。另外，近年来锐钛矿相和金红石相的混合晶相也被证实能够极大地促进光催化性能的提升，例如商业化产品 P25 材料就是由锐钛矿相（75%）和金红石相（25%）组成的，具有较优的光催化效果。"混晶效应"的高活性与两相间的电荷转移有关，一般认为金红石相作为势阱，通过接收锐钛矿相激发产生的导带电子来抑制锐钛矿型 TiO_2 中的电子-空穴复合，继而提高光催化效率。

2. 晶粒度

光催化材料的颗粒粒径是影响光催化活性的重要因素之一。较小的粒径有利于光生载流子的迁移与扩散，减少体相复合概率，使得有效参与反应的电子和空穴数量增多；而且随着粒径的减小，催化剂的比表面积增大，因而单位时间内吸收的光子数量增加，使得催化活性提高。

3. 污染物种类、浓度及催化剂用量

在环境光催化反应过程中，污染物的官能团结构会影响反应的具体历程，污染物分子在催化剂表面的吸附是光催化氧化反应的先决条件。强吸附的有机物更易被光生空穴直接氧化分解，而弱吸附有机物则倾向于和其他活性氧物种发生作用。除了污染物种类的影响，污染物的初始浓度也对光催化反应有影响。过高的初始浓度并不利于光催化反应的进行，且易导致催化剂失活。光催化反应速率与催化剂浓度也密切相关，一定范围内，有机物的光催化降解速率随着催化剂浓度的增加而增加；但过量的催化剂则会导致严重团聚，产生遮蔽效应，降低催化剂的有效利用。

4. 环境 pH

无论是在气相还是液相污染物降解过程中，体系 pH 对于降解速率的影响都是较大的。在悬浮态光催化降解反应中，溶液初始 pH 对降解动力学的影响一般较为复杂，普遍意义下，酸性条件下降解较快，而在碱性条件下催化活性往往会降低，因而降解速率也会降低，这主要是因为 pH 改变了溶液中 TiO_2 界面电荷性质及颗粒表面的电荷分布，因而影响了有机物在 TiO_2 表面的吸附行为以及光生载流子的迁移复合途径。

5. 晶格及表面缺陷

晶格缺陷和表面羟基都有利于光催化反应的进行，缺陷密度越大，表面羟基含量越高，催化剂的活性也越高。这主要是因为晶格缺陷能够在一定程度上调节 TiO_2 的能级结构，增加表面能量壁垒，促使电子-空穴对有效分离。另外，Ti^{3+} 和 Ti^{2+} 的产生使得键距小于 Ti^{4+}—Ti^{4+}，因而更容易与羟基自由基键合，成为反应的活性中心。羟基自由基可以通过俘获空穴，形成羟基自由基（·OH）、超氧自由基（·O_2^-）等活性物种，间接实现污染物的氧化降解。

6. 光照强度

光催化反应过程中，光源对光催化性能的影响不言而喻。光源强度不同，光催化降解污染物的反应速率及能力也不同。一定的光强范围内，污染物的降解速率随着光强的增加而加快，而不同种类的光源则由于其波长、能量差异，最终表现出污染物反应速率及量子效率均不同。

1.2 光催化剂

1.2.1 TiO_2 光催化剂

目前，锐钛矿相（anatase）、板钛矿相（brookite）和金红石相（rutile）是 TiO_2 主要存在的三种晶型结构（图 1.2）。其中，锐钛矿相和金红石相属四方晶系，均由 TiO_6 八面体连接组成，两者主要区别在于八面体的连接方式及畸变程度不同。金红石相 TiO_2 畸变程度小于锐钛矿相，对称性不如锐钛矿相，其 Ti—Ti 键长较锐钛矿短，而 Ti—O 键长较锐钛矿长。板钛矿相 TiO_2 为斜方晶系，6 个 TiO_2 分子组成一个晶胞。另外，还存在一种人工合成亚稳态相 TiO_2-B，属单斜晶系。

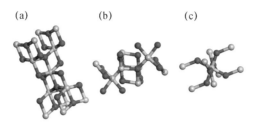

图 1.2 (a) 锐钛矿型、(b) 板钛矿型以及 (c) 金红石型 TiO₂ 晶体结构

锐钛矿、板钛矿、金红石三种晶相 TiO₂ 的禁带宽度值依次为 3.19eV、3.11eV 和 3.00eV。在光催化应用中，锐钛矿相 TiO₂ 的活性由于禁带宽度较大、导带位置低、晶格缺陷和氧空位浓度较高，因而活性更高；而金红石由于对氧的吸附较弱，载流子复合速率高，因而活性较低；板钛矿相和 TiO₂-B 相则由于对称性差，不稳定，因而很少研究其光催化性能。

TiO₂ 作为一种典型的 n 型半导体，其能带由价带、导带以及两者之间的不连续区域（禁带）组成。TiO₂ 的光催化性能与其能带结构紧密相关，当大于 TiO₂ 禁带宽度（3.19eV）的光子照射后，TiO₂ 能带上会产生电子跃迁，从而使得电子和空穴对分离。光生电子和空穴的平均寿命较短，在纳秒级别，在电场的作用下通过扩散的方式迁移到 TiO₂ 表面或被表面晶格缺陷俘获，继而与表面吸附的 O₂ 和 H₂O 反应生成高活性的氧化物种。一部分光生载流子在迁移过程中会发生体相和表面复合，导致量子效率降低。没有复合的载流子则会迁移到 TiO₂ 表面与吸附在表面的 H₂O 或 OH⁻ 发生作用，生成·OH，·OH 可以无选择性地将多种有机污染物深度矿化，最终转换为矿物盐类、H₂O 和 CO₂。另外，空穴本身也可以直接氧化降解污染物。除氧化作用外，电子还可与表面吸附的 O₂ 发生作用，生成起还原作用的·O₂⁻ 以及·OOH 等自由基。

目前 TiO₂ 光催化技术已应用于各行各业，主要分为以下几类：

（1）PPCPs 及各类水体污染物处理：PPCPs，即药品及个人护理，是人类化工发展产生的一类新型污染物，主要包括各类抗生素、人工合成麝香、止痛药、降压药、避孕药、减肥药、发胶、杀菌剂等，大多具有较强的生物活性、旋光性和极性，以痕量浓度存在于环境水体中，对人类的生命和健康构成潜在威胁。目前，TiO₂ 光催化技术是一种理想的 PPCPs 高效处理手段。

（2）VOCs 处理：VOCs，即挥发性有机物，按照其化学结构，可以分为烷类、芳烃类、酯类、醛类和其他类，主要来源于室外的工业废气、汽车尾气、光化学烟雾以及室内的建筑材料、装修材料和生活办公用品等。室内空气中高浓度挥发性有机化合物容易引起急性中毒、损害人体器官，严重者可能危及生命。而

TiO$_2$ 光催化技术则可以利用自由基将空气中低浓度的有机污染物进行分解，从而转化为无毒无害的小分子，继而保障室内空气质量。

（3）抗菌抑菌：大多数疾病由细菌、真菌作为病原菌侵入人体和动植物发生一系列反应而引起，继而影响人类健康，甚至危及生命。TiO$_2$ 光催化技术在光激发作用下会产生活性氧等自由基，这些自由基不仅能与细胞内有机物分子发生化学反应杀灭细菌，还能完全矿化降解内毒素等细胞裂解产物，因而具有显著的优点。

（4）制氢：传统能源的不断消耗使得人类越来越感受到能源枯竭带来的紧迫感，而且化石原料燃烧所释放的 CO$_2$、SO$_2$、NO$_x$ 等有害气体带来的温室效应以及酸雨等诸多问题同样困扰着人类，因而氢能作为一种具有高燃值、高效率和高清洁的能源备受关注。通过调节晶体结构、表面性质、电子给体和受体可以实现高效产氢，如果解决好效率以及储氢问题，可极大地缓解人类的能源问题。

（5）染料敏化太阳能电池：有机染料在可见光区吸收较强，因而通过将光活性物质吸附于 TiO$_2$ 表面来拓展 TiO$_2$ 的光响应范围，是延伸 TiO$_2$ 光催化剂激发波长的有效手段。常见的光敏化剂有酞菁、卟啉、荧光素衍生物等，以 TiO$_2$ 薄膜为电极，吸收太阳光激发电子区域和传递电荷区域分开，可以得到较高产率的光电转化效率。太阳能电池的发展对于人类社会生活的可持续发展同样具有重要作用。

（6）固碳：温室效应的加剧以及能源问题的短缺都对 CO$_2$ 的处理提出了更高的技术要求。CO$_2$ 是典型的直线型对称三原子分子，其分子结构决定了其是弱电子给予体以及强的电子受体，太阳光在提供能量的同时可激发 TiO$_2$ 光催化剂产生 CO$_2$ 还原所需电子，电子和空穴一起作为具有还原性和氧化性的活性位点迁移至 TiO$_2$ 表面与表面吸附的 CO$_2$ 和 H$_2$O 发生反应，继而生成甲醇、甲烷等有机燃料化合物。

（7）固氮：燃料燃烧所引起的大气环境污染中，危害大且难处理的是氮氧化物 NO$_x$（主要是 N$_2$O、NO、NO$_2$），可引起酸雨、臭氧层破坏、光化学烟雾等一系列环境灾难，因此高效脱氮是目前环境治理的重要目标之一。传统的非催化法与催化还原法设备复杂、成本高且存在二次污染，因此，条件温和、能耗低、简单易行的 TiO$_2$ 光催化技术已成为目前 NO$_x$ 脱除的主要研究方向之一，解决好高浓度以及中间产物的控制，TiO$_2$ 光催化技术有望在该领域实现大规模的产业化应用。

尽管 TiO$_2$ 本身具有很多优点，且在环保领域表现出潜在的应用价值，但其在实际应用过程中仍需解决以下问题：①太阳能利用率低，目前只能被紫外光有效激发；②量子效率低，载流子复合速率高；③易团聚，表面积小及吸附能力低；④颗粒尺寸小，多在纳米级别，分离回收再利用困难，造成应用成本高。因此，科研人员近年来针对 TiO$_2$ 的改性与应用性能提升方面做了大量工作，常见的改性技术包括元素掺杂（金属、非金属掺杂）、质子化、半导体复合、贵金属沉积、染料敏化、表面络合、自掺杂等，以实现将 TiO$_2$ 的光谱响应范围拓宽到可见光区，制备出具有可见光光催化活性的 TiO$_2$ 光催化剂。

1.2.2　g-C$_3$N$_4$ 光催化剂

对于氮化碳材料的研究，早在 19 世纪初就已经出现，Berzelius 首次在实验室中合成出氮化碳高分子的衍生物，Liebig 等将其命名为"melon"，是最早的合成高聚物。1989 年，Amy Y. Liu 和 Marvin L. Cohen 在 *Science* 上发表了最早的关于氮化碳的研究，建立在 β-Si$_3$N$_4$ 的晶体结构基础上，将硅元素替换为碳元素，在局域态密度近似下，采用第一性原理赝势能带理论成功预测到了 β-C$_3$N$_4$ 这种共价晶体的存在，发现 β-C$_3$N$_4$ 具有与金刚石相媲美的硬度与优良的导热性能。这一发现引起了人们对这种新型非金属半导体的广泛关注，并发现这种半导体具有生物相容性好、化学稳定性强、摩擦系数低、绝缘性好、热导率高、带隙宽等特点。1922 年，Franklin 描述了氮化碳（C$_3$N$_4$）的结构，并通过热解 Hg(CN)$_2$ 和 Hg(SCN)$_2$ 等前驱物，发生了一系列的脱氨基作用，得到了一种无定形的氮化碳。十多年后，加州理工学院的 Pauling 和 Sturdivant 推测共面的三嗪结构是氮化碳的基本结构单元。随后不久，C. E. Redemann 和 H. J. Lucas 提出假设，认为 melon 的分子结构与石墨烯极为相似，都是无限延伸的平面网状结构，并通过推理计算得出 melon 会随着聚合度和尺寸的不同而具有不同的结构，并不是单一的结构单元。此外，其低溶解性和化学惰性是造成 melon 的结构具有不确定性的重要影响因素。1996 年，华盛顿卡耐基研究所的 D. M. Teter 和 R. J. Hemley 运用共轭梯度法计算了氮化碳的分子结构，提出了 C$_3$N$_4$ 可能存在的 5 种结构，即 α 相（α-C$_3$N$_4$）、β 相（β-C$_3$N$_4$）、立方相（c-C$_3$N$_4$）、准立方相（P-C$_3$N$_4$）和石墨相（g-C$_3$N$_4$）。其中其他四种结构的氮化碳都属于超硬材料，而石墨相氮化碳（g-C$_3$N$_4$）是唯一的软质相，但在室温条件下却是五种结构中最稳定的，具有适中的禁带宽度，而且无毒无害，使之成为一种新型可见光响应的光催化剂。研究表明，g-C$_3$N$_4$ 晶体有两种可能的基本结构单元，即三嗪环和 3-s-三嗪环（图 1.3），基本结构单元通过氮原子相互联结，形成无限扩展的平面结构。通过理论计算可知，基于 3-s-三嗪环单元结构而成的 g-C$_3$N$_4$ 更为稳定。因此，大多数关于石墨相氮化碳的研究均是关于 3-s-三嗪环结构的 g-C$_3$N$_4$。自 2009 年起，福州大学的王心晨教授研究团队发现，在 Pt 作为共催化剂和可见光激发的条件下，g-C$_3$N$_4$ 具有较高的分解水制氢的能力，由此掀起全球范围内对

g-C$_3$N$_4$ 这类非金属光催化剂的研究热潮。

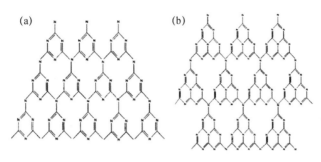

图 1.3　以三嗪（a）和均三嗪（b）为基本结构单元的石墨相氮化碳

类石墨氮化碳具有与石墨类似的片层状结构，由单层氮化碳薄片通过分子间的范德华力相互作用层层堆叠而成，其层间距约为 0.326nm，略小于石墨的层间距。g-C$_3$N$_4$ 分子结构中的 C 和 N 原子之间主要以 sp^2 杂化为主，通过 α 键形成类似苯环的六元芳香结构，且碳和氮原子在 p$_z$ 轨道上都存在孤对电子，这些电子可以相互作用形成类似苯环大 π 键的空间电子云结构，进而形成高度离域的共轭体系。g-C$_3$N$_4$ 具有典型的半导体特性，其禁带宽度理论值约为 2.7eV，属于窄带隙半导体，最大吸收波长在 460nm 附近，量子效率高、耐腐蚀且无毒。

目前，C$_3$N$_4$ 材料常用的制样方法可分为两大类，分别是物理法和化学法。具体包括离子注入法、激光束溅射法、反应溅射法、电化学沉积法、热聚合法、溶剂热法、高温高压合成法等。其中，物理法主要用于制备超硬 C$_3$N$_4$ 材料，而 g-C$_3$N$_4$ 材料则主要采用化学法。常用的 g-C$_3$N$_4$ 制备方法主要有热缩聚法、溶剂热法、电化学沉积法和固相合成法。

1. 热缩聚法

热缩聚法是指通过高温煅烧富含氮碳元素的前驱体，并发生一系列热聚合反应产生 g-C$_3$N$_4$。由于热缩聚合成法具有操作简单、原料廉价易得，且制备所得的 g-C$_3$N$_4$ 晶型较好等优点，成为近年来合成 g-C$_3$N$_4$ 最常用的方法。

2. 溶剂热法

溶剂热法是指在密闭容器中，以溶剂温度作为反应介质，在高温高压条件下制备材料的一种非均相合成方法。该方法具有成本低、污染少、反应过程易于控制及反应体系均匀性好等优点，被广泛应用于氮化碳材料的制备。

3. 电化学沉积法

电化学沉积技术被广泛应用于固体材料的制备过程，由于该方法不需要高温高压等特殊环境，对设备仪器要求简单且易于控制反应过程，近年来被逐渐应用于 g-C$_3$N$_4$ 材料的制备。

4. 固相合成法

除此以外，研究人员还采用三聚氰氯和三聚氰胺等具有三嗪结构的化合物作为反应物，通过固相反应合成 g-C_3N_4。2000 年，Valery N. Khabashesku 研究团队就以三聚氰氯和氮化锂为反应物，在氮气氛围下利用固相合成法得到了结构非常接近 C_3N_4 的化合物。中国科技大学的 Qixun Guo 等在不同温度条件下通过控制 $C_3N_3Cl_3$ 和 $NaNH_2$、K 和 NaN_3 的固相反应得到不同形貌的结晶 g-C_3N_4。

综上，热聚合法是目前 g-C_3N_4 最常用、简便的合成方法，但由于高温下制备的 g-C_3N_4 易发生团聚，导致样品比表面积很低，对污染物的吸附捕捉能力很差，极大地限制了 g-C_3N_4 在环保领域的应用。此外，单体 g-C_3N_4 的光生载流子寿命短、电子-空穴对复合概率较高，导致其量子效率低，活性受到限制。因此，如何对 g-C_3N_4 进行改性或修饰，从而减小电子-空穴复合率、增加材料比表面积，已成为目前 g-C_3N_4 光催化材料研究领域的关键问题。目前，国内外科研人员对 g-C_3N_4 的修饰改性进行了大量研究，主要包括以下四个方面。

1. 形貌调控

通过提高光催化材料的比表面积，可以使载流子迁移速率及捕获光子能力得到提高，增加催化剂表面的活性位点，进而提升异相催化剂的转化效果，量子效率也得到有效提高。福州大学王心晨教授团队于 2009 年发现采用二氧化硅纳米颗粒为模板，通过调节 SiO_2 与单氰胺的质量比，经 550℃ 的煅烧处理，接着在 NH_4HF_2 溶液中去除模板，得到了比表面积介于 68～373m^2/g 之间的不同介孔 g-C_3N_4。此外，比表面积的增加也提高了其光催化分解水产氢的性能。2012 年，中国科学院 Ping Niu 研究团队通过在空气氛围下直接热氧化刻蚀体相 g-C_3N_4 得到纳米片状 g-C_3N_4，这是由于聚合 g-C_3N_4 单元物的层间氢键作用力并不是足够稳定，易被氧化过程破坏。得到的纳米片状 g-C_3N_4，不仅具有高达 306m^2/g 的比表面积和较小的层片厚度，而且其带隙明显增大。由于量子限制效应，电子在层内的迁移能力提高，载流子的寿命显著延长，在紫外光和可见光下的光分解水的活性明显优于体相 g-C_3N_4。

2. 离子掺杂

离子掺杂是指在 g-C_3N_4 中掺杂少量的金属或者非金属元素，造成晶格缺陷，这些缺陷可能成为光催化反应的活性中心，从而提高光催化反应的量子产率，或者这些缺陷可能具有捕获光生电子或空穴的能力，进而提升光生载流子的分离效率，由此提高其在可见光区的光催化活性。北海道大学的 Bing Yue 将 Zn 成功掺杂进 g-C_3N_4 晶格中，使 g-C_3N_4 的吸收波长产生了显著的红移，XPS 分析表明 Zn—N 键的形成是 Zn 成功掺杂进 g-C_3N_4 结构的关键，在可见光分解水实验中，10%Zn/g-C_3N_4 样品的产氢率是纯 g-C_3N_4 的 10 倍，在 420nm 波长下的量子效率高达 3.2%。研究发现，在 g-C_3N_4 的晶格中掺杂少量的非金属元素可以有效缩短其禁带宽度，提高对光的吸收能力，从而使其光催化活性得到显著提升。2010 年，中国科学院 Gang Liu 研究团队发现通过在空气中直接加热双氰胺得到 g-C_3N_4，再将得到的 g-C_3N_4 置于 H_2S 氛围下进行二次煅烧得到了 S 掺杂 g-C_3N_4（$C_3N_{4-x}S_x$）。该材料具有独特的电子结构，其均匀分布的掺杂 S 元素宽化并提高了价带位置，以及掺杂后显著缩小的颗粒尺寸引起了量子限制效应，使导带下限上移些许，这些因素的协同作用使 $C_3N_{4-x}S_x$ 在可见光下的产氢率提升了 7~8 倍，且获得了原本不具有的降解苯酚的能力。

3. 贵金属沉积

通过在 g-C_3N_4 材料上沉积某些贵金属也可以有效提高 g-C_3N_4 的光催化性能。东京大学的 Kazuhiko Maeda 等发现利用原位沉淀法以 $Pt(cod)_2$ 为 Pt 前驱体制备的 Pt 修饰的 g-C_3N_4 的产氢率有明显提高，主要是由于以 $Pt(cod)_2$ 为 Pt 前驱体制备的 g-C_3N_4 上沉积的 Pt 分散得更为均匀；此外，他们还发现 RuO_2 修饰的 g-C_3N_4 在硝酸银溶液中的产氧活性显著提高，且其抵抗自分解的稳定性也有所提升。

4. 构建异质结

为了解决 g-C_3N_4 本身存在的问题，目前常见的研究方向就是与其他半导体材料等进行复合，制备复合异质结光催化剂，具有更窄的禁带宽度。中国地质大学 Chen 等利用简单的溶剂热法制备出了 ZnO/mpg-C_3N_4（介孔石墨化 C_3N_4）复合材料。研究发现，该复合材料中最佳的 ZnO 含量为 24.9%，可见光下降解亚甲基蓝的效率提升了 2.3 倍，这主要归功于 ZnO 与 mpg-C_3N_4 之间重叠的能带结构匹配良好，使产生的光生载流子能够有效分离并转移。

1.2.3 铋系光催化剂

由于铋系半导体具有合适的带隙和良好的光响应能力，且形貌较易控制，近年来逐渐成为光催化领域新的研究热点，其在光解水制氢、环境治理及有机合成方面都展现出具有较大的发展潜力。其中，对 BiOX（X=Cl、Br 和 I）、Bi_2MO_6（M=Cr、Mo 和 W）、$BiVO_4$、Bi_2O_3、$BiPO_4$、$(BiO)_2CO_3$ 等材料的研究最为广泛。铋系半导体最大的特点是可以通过控制材料的合成条件，很容易实现形貌调控，从而改变材料的带隙，增强其光反应活性。

1. 卤化氧铋（BiOX，X=Cl、Br 和 I）

在众多铋系光催化材料中，卤化氧铋（BiOX，X=Cl、Br 和 I）是一种更为高效的新型半导体光催化材料，其自身具有独特的电子结构、层状的原子排布、良好的光学性能和较强的催化性能。BiOX（X=Cl、Br 和 I）的晶体结构为

PbFCl 型，体内双卤素离子层和 $[Bi_2O_2]^{2+}$ 层交替排列构成了层状结构，双层排列的卤素（Cl、Br 和 I）原子层之间由卤素原子通过非键力结合，这种特殊的三层结构使得它的层间空间较大，有利于光生电子和空穴的分离，但是与 TiO_2 光催化剂类似，单一使用 BiOX 时仍然存在很多问题，诸如 BiOCl 属于宽带隙催化剂，其禁带宽度为 3.3eV，只能对紫外区域响应；BiOBr（约 2.5eV）和 BiOI（约 1.8eV）为窄带隙催化剂，可以直接被可见光激发，但其光生电子-空穴对复合快，以致量子效率低，而且纯 BiOI 不够稳定，限制了其大规模实际应用。因此，许多科研工作者也尝试着通过控制卤氧化铋的形貌以提高其光催化活性。

2. 钼酸铋（Bi_2MoO_6）

钼酸铋是一种具有钙钛矿结构的三元金属氧化物，其相结构主要有 α、β 和 γ 相三种，即 α-$Bi_2Mo_3O_{12}$、β-$Bi_2Mo_2O_9$ 和 γ-Bi_2MoO_6。其中 α 和 β 相不稳定，基本没有光催化活性，因此对钼酸铋的研究主要集中在 γ-Bi_2MoO_6。该化合物是由 $[MoO_2]^{2+}$ 层和 $[Bi_2O_2]^{2+}$ 层中间插层 $[O]^{2-}$ 层组成的一种类似于三明治的结构，结构示意图见图 1.4。通过密度泛函理论 DFT 模拟 Bi_2MoO_6 的电子结构，结果表明 Bi_2MoO_6 是一种直接跃迁类型半导体，其价带和导带主要由杂化的 Bi6p、O2p 和 Mo4d 轨道组成，理论计算 Bi_2MoO_6 禁带宽度为 1.96eV，实验计算结果值要稍大，为 2.3～2.7eV。

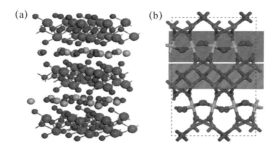

图 1.4　Bi_2MoO_6 晶体结构（a）及沿 $[001]$ 方向观察的晶体结构（b）

钼酸铋的物理化学性质在很大程度上取决于它的合成方法，目前所研究钼酸铋制备方法主要有水热/溶剂热法、化学气相沉积法、静电纺丝法、固相反应以及焙烧法。不同合成方法可制备出不同形貌的钼酸铋，主要包括一维纳米线、纳米棒状结构、二维纳米片状结构以及三维纳米管、纳米微球结构。因此，通过调控钼酸铋的微观形貌，可以获得不同光催化活性的光催化剂。

1.3　天然矿物催化剂载体

虽然经过改性修饰后，光催化剂可具有良好的可见光下的光催化活性，但大部分光催化剂粒度依然是纳米级别，因而在实际制备和使用过程中，由于纳米粒子表面能高、易团聚，导致其实际应用中的催化效率并不理想。纳米催化剂颗粒的团聚，一方面会造成比表面积减小，使得催化剂表面吸附位点和活性位点数量减少，另一方面也会造成光生电子迁移距离增大，使得载流子分离困难。因此，如何在保证纳米催化剂光催化活性的前提下，增加光催化剂与污染物的接触概率以提高光催化效率，同时实现催化剂快速分离回收、低成本制备与应用，成为目前光催化技术实用化的关键。大量研究表明，引入一些比表面积较大、微观尺度较大的材料作为催化剂的载体，实现纳米颗粒在载体表面的均匀分散，不仅能有效解决纳米颗粒在应用过程中的团聚问题，还能在一定程度上改善催化剂对目标物质的吸附性能，也便于催化剂使用后的快速分离回收，进而可以构建一种兼具快速吸附-高效降解功能的反应体系。

天然非金属矿物包含多孔矿物（硅藻土、沸石、膨胀蛭石、膨胀珍珠岩等）、层状矿物（高岭石、蒙脱石、伊利石、累托石等）、纤维（棒、管）状矿物（海泡石、凹凸棒石、埃洛石等），具有孔隙发达、比表面积大、表面基团丰富、化学与热稳定性良好等特征，而且资源储量丰富，价廉易得，是一种理想的光催化剂载体材料。

1.3.1 天然矿物的载体特性

纳米催化剂在实际应用时，往往需要分散在各类载体上，以获得均匀分散、粒径可控、形貌可调的复合催化材料。载体特性往往是决定催化剂实际应用性能、应用成本的关键。通常，催化剂载体需要满足以下条件：①载体要有一定的机械性能和热稳定性，这是催化材料稳定使用的前提；②载体要有一特定的结构，可以达到增强活性组分、提高比表面积、调节孔结构和孔隙率、控制颗粒大小和分布等目的；③载体能与活性组分发生键合作用，从而固定活性组分；④载体材料廉价易得、储量丰富。我国天然矿物资源储量丰富，且天然矿物往往具有特殊的理化特性、结构或形貌，可以满足催化剂载体的应用需求，因此近年来以天然矿物作为催化剂载体制备负载型复合催化材料逐渐成为研究的热点。

1. 多孔矿物

多孔矿物是具有微纳孔道或可热膨胀形成多孔的矿物的统称，包括天然多孔（硅藻土、沸石、蛋白石、浮石、火山灰等）与热膨胀多孔（蛭石、珍珠岩等）两大类。多孔矿物往往化学稳定性好、孔结构相对稳定、耐热性好；具有高度开口、内连的气孔；几何表面积与体积比高；孔道分布较均匀。此外，多孔矿物具有多种内部孔结构形态，如沸石、硅藻土、蛋白土、膨胀珍珠岩、膨胀蛭石等的三维孔道结构、硅藻土表面的贯穿有序孔道结构等。

多孔矿物良好的化学稳定性、吸附性、热稳定性、多孔性等特点，使其可满足催化剂载体的应用条件，并往往对催化剂的催化性能具有良好的促进作用。近年来研究较多的是在分析天然多孔矿物的孔结构基础上，对天然矿物进行结构组装，通过表面修饰、成分组装和孔结构组装等方法，利用多孔矿物制备具有更高性能的新材料。

2. 层状矿物

常用的层状矿物主要是层状硅酸盐矿物以及石墨和辉钼矿，其中层状硅酸盐矿物主要包括高岭石、蒙脱石、石墨、水滑石、绢云母、累托石等。本书主要以层状硅酸盐矿物作为研究对象进行介绍。层状硅酸盐矿物（层状矿物）是硅酸盐类矿物按晶体结构特点划分的亚类之一。在其络离子中，各个硅氧四面体之间通过共用大部分角顶（通常是3/4的角顶）的方式相互联系而组成二维无限延展的硅氧四面体层。层状矿物往往具有独特的二维纳米层状结构、良好的阳离子或阴离子交换性，面内强度高，刚度以及纵横比高，储量丰富、价格低廉，是一类优异的催化剂载体材料。此类矿物层间具有层间域，具有较强的吸附性能；层间还具有特殊的二维层状孔道结构，为催化剂负载及催化反应提供了场所。

3. 纤维矿物

纤维矿物是一类呈针状、纤维状、丝状矿物的统称，包括纤维海泡石、凹凸棒石、埃洛石、纤维水镁石、针状硅灰石、纤蛇纹石石棉、角闪石石棉等宏观或微观呈纤维状的材料。其中，海泡石、凹凸棒石、埃洛石等具有天然的一维纤维（柱）状孔道结构、巨大的比表面积、表面反应活性，且化学性质稳定，是理想的催化剂载体，并可发挥协同催化作用。例如，利用埃洛石的孔道结构，把催化剂负载或组装于埃洛石管外层或管内腔，可获得具有很好的活性以及选择性能的催化剂。

1.3.2 载体作用机制

矿物载体的作用机制一般包括：负载（提高化学/热稳定性、降低成本等）、分散（防止纳米颗粒团聚、抑制或调控催化剂晶体生长等）、协效增强（建立吸附-催化协同体系、增加反应活性位点、提升催化材料活性等）、助回收（增加催化剂尺度、助过滤回收、悬浮回收等）。

1. 负载作用

基于矿物的大表面积和良好的化学/热稳定性，将催化材料固定于矿粒的表面，可提高催化材料的利用率及稳定性；另一方面，天然矿物往往来源广泛、价格低廉，负载后能够显著降低催化剂实际应用成本，有利于光催化材料在环保领域的规模化应用。

2. 分散作用

主要利用矿物的表面活性位点丰富、孔隙率高的特点，将催化活性中心（特别是纳米颗粒）分布于矿物的表面或孔道中，能够极大程度地抑制纳米颗粒的团聚以及活性中心被覆盖，进而提高催化材料的催化效率。由于矿物的稳定性，分散于矿物表面的催化颗粒在应用环境中不会发生二次团聚，也可提高催化剂的使用寿命。

3. 协效增强效应

基于前述两种效应，充分利用矿物本身的天然属性，如吸附能力、固体酸性质、表面悬空键丰富等，使得矿物与催化剂间形成新的化学键、活性位点，建立吸附-催化协同体系，同时调控催化剂晶体的生长习性，起到协效增强的效果。

4. 助回收作用

利用矿物载体质轻多孔的特性，利用其在水中悬浮及便于快速过滤的特点，实现光催化剂的快速回收与循环利用，从而降低催化材料在环保领域的应用成本。另外，纳米级催化剂与大尺度的矿物复合后的复合材料具有较大的三维尺度，有利于固液分离回收。

2 硅藻土负载型光催化复合材料

2.1 硅藻土

硅藻土是一种生物成因的硅质沉积岩，由古代硅藻遗骸经长期的地质作用形成。硅藻土中的硅藻颗粒具有规则分布的多孔结构，其结构形态多达上百种。硅藻土的特点是孔道有序分布，孔径从几纳米到数百纳米；低温氮吸附平均孔径 5～15nm，压汞法平均孔径 400～1000nm；低温氮吸附孔体积 0.03～0.10cm^3/g，压汞法孔体积 1.0～3.0cm^3/g。硅藻土的主要物理特性是松散（堆积密度 0.3～0.5g/cm^3）、质轻（密度 2.0g/cm^3）、多孔（孔隙率达 60%～90%，比表面积一般为 10～80m^2/g），莫氏硬度为 1～1.5，吸水和渗透性强（能吸收其本身质量 1.5～4 倍的水），热稳定性好（熔点 1650～1750℃），化学稳定性好（除氢氟酸外，不溶于任何强酸，但能溶于强碱溶液中），而且是热、电、声的不良导体。此外，硅藻土的主要成分为无定形二氧化硅，与其他无定形二氧化硅矿物相似，其表面具有丰富的硅羟基。这些表面羟基不仅控制着表面电荷、酸性、溶解性和亲疏水性等表面性质，还是表面接枝及配位-交换反应的反应位。

硅藻土作为光催化剂载体材料具有以下功能：①助分散作用：其作为催化剂载体时，纳米催化剂颗粒在硅藻表面及孔道中的均匀负载，能够有效解决纳米催化剂颗粒在实际应用时的二次团聚问题；②协效增强作用：硅藻土多孔结构特性能够有效改善催化剂颗粒对污染物分子的吸附性能，建立吸附-催化协同体系，从而增加污染物分子与催化剂活性组分的接触概率，实现污染物分子的高效迁移降解；③助分离作用：硅藻土表面具有丰富的硅羟基基团，因此在光生载流子的迁移过程中依靠静电引力和斥力能有效促进载流子的分离，提高光催化效率；④助回收作用：与催化剂颗粒相比，硅藻土中硅藻颗粒属于微米级别，且具有贯穿孔道，应用于废水治理时，被滤液体可获得较好的流速比，因而可轻易依靠压滤的方式从反应体系中分离出来，从而实现复合光催化材料的回收利用。

2.2　纳米 TiO_2/硅藻土复合材料的制备、结构与性能

2.2.1　纳米 TiO_2/硅藻土复合材料

以四氯化钛为前驱体，采用水解沉淀法制备纳米 TiO_2/硅藻土复合光催化材料的主要工艺环节包括水合纳米 TiO_2 在物理选矿后的硅藻精土颗粒表面的沉淀负载和负载了水合纳米 TiO_2 粒子的复合粉体材料的煅烧晶化。具体制备工艺流程如图2.1所示：在一定温度水浴下，取一定量的硅藻精土和蒸馏水放入四口瓶中，搅拌同时加入少量的浓盐酸，随后滴入一定量浓度为 2.9mol/L 的 $TiCl_4$ 溶液；10min 后，将溶有硫酸铵（1.5mol/L）和浓盐酸的水溶液滴加入上述 $TiCl_4$ 水溶液中，混合搅拌一段时间后，将混合物升温至30℃并保温1h。滴入 2mol/L 碳酸铵溶液，调节 pH 值至 4.5～5，反应 1h 后过滤、洗涤，然后在105℃下干燥 3h，在一定煅烧条件下对材料进行煅烧，即得到纳米 TiO_2/硅藻土复合材料。

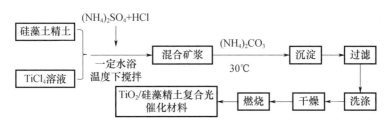

图 2.1　TiO_2/硅藻土复合材料制备工艺流程图

在制备过程中，影响复合光催化材料结构和性能的因素主要有水解温度、纳米 TiO_2 负载量、煅烧温度以及煅烧时间等。

水解反应温度是控制 TiO_2 晶核生长速度的最重要因素之一，而 TiO_2 晶核的生长速度在一定程度上决定了 TiO_2 晶粒大小及其在硅藻表面负载的均匀性。经过水解、沉淀、过滤、洗涤、干燥等步骤后得到的复合粉体材料，其中 TiO_2 是以无定形的水合 TiO_2 形态存在，所以光催化活性较差，而且水合 TiO_2 与载体（硅藻颗粒）表面的作用较弱，反应过程中易脱落且无活性。为了将非晶态的水合 TiO_2 晶化，增强 TiO_2 粒子在载体表面的附着力，需要对负载水合 TiO_2 后的硅藻土进行煅烧处理。高温煅烧可以使水合 TiO_2 脱水并形成具有完整晶型结构的 TiO_2 粒子，使纳米 TiO_2 粒子牢固负载于硅藻土颗粒表面，同时还可以脱除残留的 SO_4^{2-} 和 Cl^-。此外，TiO_2 的负载量是影响 TiO_2/硅藻精土复合材料性能的最重要因素之一。负载量一方面影响复合材料的晶粒大小，进而影响复合材料的催化活性，另一方面影响复合材料的生产成本。

图 2.2 为采用临江北峰硅藻土有限公司生产的物理选矿硅藻精土为载体，TiO$_2$ 负载量分别为 25％、35％、45％、50％、55％、60％ 的 TiO$_2$/硅藻土复合材料在 650℃ 下煅烧 4h 后的样品 XRD 图谱。负载量为 25％ 的样品中锐钛型 TiO$_2$ 衍射峰的强度较其他样品弱，这可能是由于低负载量造成的 TiO$_2$ 高分散性不利于 TiO$_2$ 粒子在硅藻表面形成完整的晶型。随着负载量增加，锐钛型 TiO$_2$ 衍射峰强度逐渐增强，结晶度增高，而在 2θ 为 15°～30° 范围内代表无定形 SiO$_2$ 的衍射峰强度相应降低，说明硅藻载体表面逐渐被 TiO$_2$ 粒子所覆盖。材料样品的平均单晶粒径 D 可以通过 XRD 图谱中最强衍射峰晶面半峰的宽化度 B，运用 Scherrer 公式计算而得：

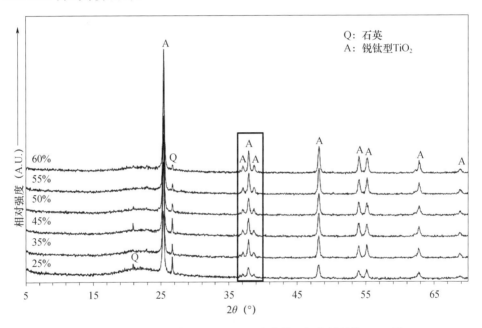

图 2.2 不同 TiO$_2$ 负载量下 TiO$_2$/硅藻精土复合材料的 XRD 图

$$D = K\lambda/(B\cos\theta) \quad (2.1)$$

式（2.1）中，K 为 Scherrer 常数，取 0.89；D 为计算的晶粒大小（nm）；B 表示单纯因晶粒细化引起的宽化度，单位为弧度，B 为实测宽度 B_M 与仪器宽化度 B_S 之差：$B = B_M - B_S$ 或 $B^2 = B_M^2 - B_S^2$，B_S 可通过测量标准物（粒径＞ 10^{-6}m）的半峰宽强度处的宽度得到，B_S 的测量峰位应与 B_M 的测量峰位尽可能靠近，最好是选取与被测量纳米粉体相同材料的粗晶样品来测定 B_S 值；λ 为 X 射线波长（0.15418nm）；θ 为衍射布拉格角（弧度）。表 2.1 为不同 TiO$_2$ 负载量情况下制备的 TiO$_2$/硅藻精土复合材料表面 TiO$_2$ 晶粒度大小计算结果。

表 2.1　不同 TiO_2 负载量情况下 TiO_2/硅藻精土复合材料表面 TiO_2 晶粒度

负载量（%）	B (101)	2θ（°）	D（nm）
25	0.0984	25.36	81.90
35	0.1574	25.30	51.19
45	0.2362	25.38	34.12
50	0.2389	25.44	33.74
55	0.2662	25.41	30.28
60	0.2758	25.43	29.22

由表 2.1 可知，随着负载量的增加，硅藻精土颗粒表面负载的 TiO_2 晶粒度逐渐减小。这是由于当负载量较小时，反应体系的 Ti 源不足，体系的过饱和度较小，此时粒子的生长速率将超过成核速率，形成粒子的半径将较大；随着负载量的增加，在沉淀物溶解浓度一定的情况下，溶液的过饱和度变大，粒子的成核速率大于粒子的生长速率，此时形成的粒子半径变小。但是，随着负载粒子直径的变小，粒子表面自由能增加，使得颗粒之间容易发生团聚，降低体系的表面自由能，直到体系达到稳定状态。TiO_2 粒子在硅藻颗粒表面发生团聚，将会影响材料的比表面积、孔径分布等性质，进而会影响复合材料的光催化性能。图 2.3 为不同 TiO_2 负载量、同一放大倍数下（50000 倍）硅藻颗粒表面扫描电镜微观形貌。

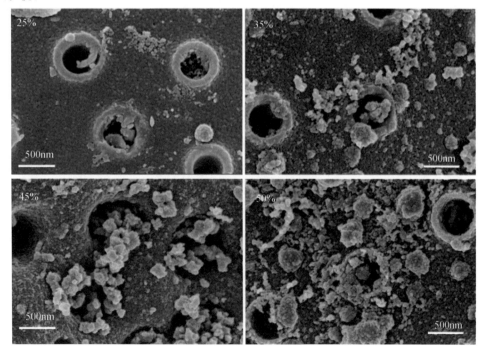

图 2.3 不同负载量的 TiO_2/硅藻精土复合材料的 SEM 图

由图 2.3 可知，随着 TiO_2 负载量的增加，硅藻颗粒表面的 TiO_2 负载量逐渐增加，当负载量达到 50% 以上时，硅藻颗粒表面孔道周围及孔道内部的粒子团聚现象逐渐变得严重，甚至发生孔道堵塞现象。硅藻颗粒表面 TiO_2 粒子的团聚，会减少光催化反应活性位点的数目，而硅藻孔道的堵塞也会影响材料整体的吸附性能，进而影响材料光催化性能。

除了主要制备工艺条件（水解温度、纳米 TiO_2 负载量、煅烧温度以及煅烧时间等）对 TiO_2/硅藻土复合材料的结构与性能影响显著外，硅藻载体的特性也会显著影响复合材料的结构与性能。

在实验室优化的制备工艺条件下，分别以四种不同硅藻土（临江硅藻原土、临江硅藻精土、化德硅藻原土、化德硅藻精土）为载体制备纳米 TiO_2/硅藻土复合光催化材料。图 2.4 为不同放大倍数下临江原土与临江精土负载纳米 TiO_2 复合光催化材料的扫描电镜图。由图 2.4 可知，临江原土硅藻颗粒表面的孔结构不明显，高倍下发现表面负载的 TiO_2 粒子出现较严重的团聚现象，分散性较差；临江精土硅藻颗粒表面孔结构明显，高倍下表面负载的 TiO_2 粒子分散性明显好于原土负载样品。图 2.5 为不同放大倍数、不同区域下化德原土与化德精土负载 TiO_2 复合光催化材料的扫描电镜（微观形貌）图。由图 2.5 可知，NY1 为化德原土负载样品中碎硅藻区微观形貌图，有大量 TiO_2 粒子团聚体夹杂在碎硅藻颗粒之间；NY2 为化德原土负载的样品中游离的 TiO_2 粒子团聚体形貌图；NY3 与 NY4 为不同放大倍数下完整硅藻颗粒表面 TiO_2 粒子负载情况，化德原土硅藻颗粒表面 TiO_2 粒子分散性不好，而化德精土表面 TiO_2 粒子分散性较原土有所改善，但效果不明显，这可能是由于破损的硅藻颗粒较多，部分 TiO_2 粒子未能负载在硅藻颗粒表面上，而是生成单独的 TiO_2 粒子团聚体。硅藻土中的硅藻颗粒在 TiO_2 负载的过程中起到了纳米 TiO_2 粒子分散剂的作用，而硅藻的完整性在一定程度上决定了 TiO_2 粒子分散性的好坏。综上所述，硅藻载体的形貌越完整，负载的 TiO_2 粒子在表面的分散性越好。

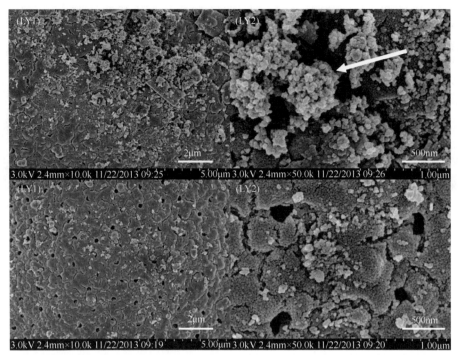

图 2.4　临江原土（LY）与临江精土（LJ）负载 TiO$_2$ 复合光催化材料的扫描电镜图
（LY1：10000 倍；LY2：50000 倍；LJ1：10000 倍；LJ2：50000 倍）

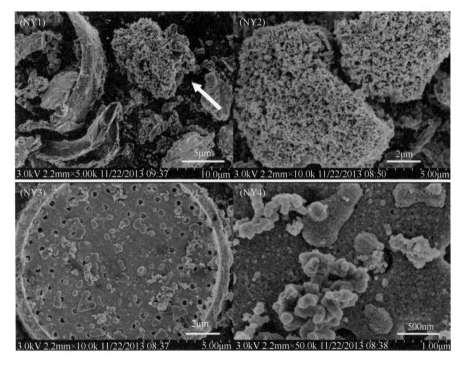

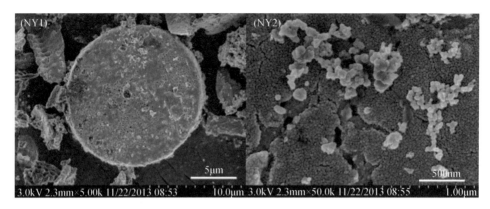

图 2.5 化德原土（NY）与化德精土（NJ）负载 TiO$_2$ 光催化复合材料的扫描电镜图

（NY1：5000 倍；NY2：10000 倍；NY3：10000 倍；NY4：50000 倍；NJ1：5000 倍；NJ2：50000 倍）

为了进一步考察纳米二氧化钛粒子在硅藻表面及孔道内的微观负载方式，对纯 TiO$_2$ 及制得的复合光催化材料进行了透射电镜分析。图 2.6 为不同放大倍数、不同区域下纯 TiO$_2$ 与临江精土负载 TiO$_2$ 光催化复合材料的透射电镜图。由图 2.6 中 T1、T2 可知，虽然样品在测试之前经过长时间超声分散，TiO$_2$ 粒子仍然发生了较严重的团聚，原级粒子大小在 10～20nm 之间；而临江精土负载 TiO$_2$ 光催化复合材料的表面及孔道周围均被纳米球形粒子所包围覆盖，粒子直径在 20～30nm，且分散性较好。

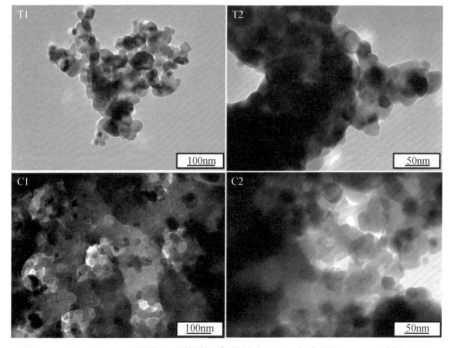

图 2.6 纯 TiO$_2$（T）及临江硅藻精土负载纳米 TiO$_2$ 复合材料（C）透射电镜图

　　为了进一步考察硅藻孔道内 TiO_2 粒子的赋存方式，通过环氧树脂镶嵌法，对临江精土负载纳米 TiO_2 复合光催化材料进行了切片减薄制样处理，并进行高分辨率透射电镜分析，结果如图 2.7 所示。经过切片减薄之后的样品，硅藻颗粒表面的 TiO_2 粒子负载情况更为清晰，由图 2.7（a）与（b）可知，TiO_2 粒子均匀负载在硅藻颗粒表面及孔道周围，粒子直径为 20～30nm，与谢乐公式计算的结果相符合；由图 2.7（c）可知，TiO_2 粒子晶格纹清晰可见，硅藻骨架由于其无定形结构而无晶格纹，负载上的 TiO_2 粒子部分嵌入硅藻骨架的无定形结构中，这种嵌入式的负载方式结合力较强，有利于提高材料的耐久性；图 2.7（d）为 TiO_2 粒子与硅藻骨架之间界面结合处的微观形貌，由图可知，TiO_2 粒子与载体之间无明显过渡，二者结合紧密。图中量取晶粒的晶面间距 $d=0.3488nm$，与锐钛矿的（101）晶面对应，这与之前的 XRD 分析结果一致。

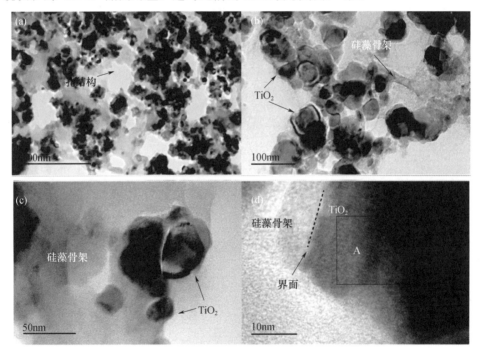

图 2.7　临江硅藻精土负载纳米 TiO_2 复合材料高分辨率透射电镜图

　　图 2.8 为图 2.7（d）A 处选区电子衍射照片，负载的 TiO_2 结晶体的衍射环不明锐，周围有衍射斑，这说明粒子晶型结构为多晶，通过该选区电子衍射花样进行标定，可确定负载的 TiO_2 颗粒为锐钛矿多晶。图 2.8 左上角为负载的 TiO_2 颗粒晶体区域的傅里叶变换，利用 DM（digital micrograph）软件量取图中对称两点间距计算，可以得出相应的晶格间距 d 分别为 0.349nm、0.242nm、0.189nm，分别对应的是锐钛型 TiO_2（101）、（110）、（200）的晶面，符合锐钛

型 TiO$_2$ 晶型结构参数，这与电子衍射结构分析结果一致。

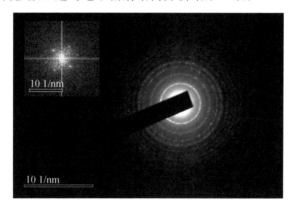

图 2.8　HRTEM 选区中电子衍射图及区域电子衍射斑点

　　图 2.9 为用不同硅藻载体制备的 TiO$_2$/硅藻土复合材料样品的 XRD 分析结果。表 2.2 为用不同硅藻载体制备的 TiO$_2$/硅藻土复合材料表面的 TiO$_2$ 晶粒度。由图 2.9 及表 2.2 可知，对比样品德国赢创公司生产的 P25 中 TiO$_2$ 为混合晶型，锐钛型与金红石型的质量比约为 4∶1；而水解沉淀法制备的纯 TiO$_2$ 中 TiO$_2$ 晶型只有锐钛型，但其 TiO$_2$ 粒子的晶粒度小于 P25 样品，这与之前的 SEM 分析结果一致。四种硅藻土负载样品中 TiO$_2$ 均为锐钛型单一晶型，对于临江硅藻土负载的两种材料，精土负载 TiO$_2$ 粒子较原土小；而对于化德硅藻土负载的两种材料，精土与原土负载的 TiO$_2$ 差别不明显，精土负载的 TiO$_2$ 粒子略小于原土。

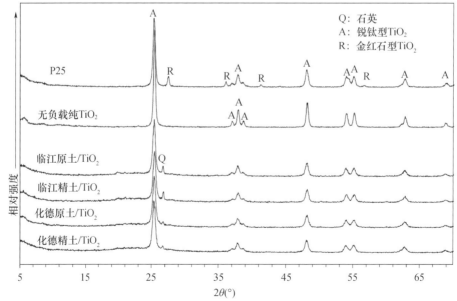

图 2.9　用不同硅藻载体制备的 TiO$_2$/硅藻土复合材料样品的 XRD 图

表 2.2 用不同硅藻载体制备的 TiO_2/硅藻土复合材料表面的 TiO_2 晶粒度

样品名称	B (101)	2θ (°)	D (nm)
P25	0.12	25.40	67.16
无负载纯 TiO_2	0.28	25.42	29.25
临江原土/TiO_2	0.06	25.49	136.62
临江精土/TiO_2	0.24	25.38	34.12
化德原土/TiO_2	0.16	25.39	51.20
化德精土/TiO_2	0.18	25.36	45.50

表 2.3 为用不同硅藻载体制备的 TiO_2/硅藻土复合材料样品的 BET 法比表面积、孔体积及 BET 平均孔径测试分析结果。由表 2.3 可知，液相法制备的纯 TiO_2 比表面积小于气相法制备的 P25，这可能是因为液相法制备的纯 TiO_2 粒径小、表面活化能高，易发生团聚（SEM 微观形貌分析也得出同样的结论），使得 BET 方法下测得的比表面积并非材料真实的比表面积，而是团聚粒子的比表面积；负载后的复合材料较载体比表面积、孔体积均有所提高，甚至高于纯 TiO_2，原因可能是具有高比表面积的纳米 TiO_2 粒子在硅藻颗粒表面的均匀负载，这有利于增加催化剂与水中污染物的接触概率，从而增加材料的反应活性位点数量，进而提高材料的光催化降解活性。

表 2.3 四种硅藻载体及其负载纳米 TiO_2 复合材料、P25 及纯 TiO_2 样品的 BET 分析结果

样品名称	BET 法比表面积 (m^2/g)	孔体积 (cm^3/g)	BET 平均孔径 (nm)
P25	56.44	0.12	7.01
纯 TiO_2	24.68	0.06	10.18
临江原土	22.18	0.04	8.52
TiO_2/临江原土	32.12	0.07	8.20
临江精土	11.71	0.05	21.05
TiO_2/临江精土	15.38	0.04	9.35
化德原土	15.62	0.04	11.13
TiO_2/化德原土	39.05	0.04	7.07
化德精土	8.03	0.03	32.13
TiO_2/化德精土	30.73	0.07	8.79

在实验室优化的制备工艺条件下，分别以四种不同硅藻土（临江硅藻原土、临江硅藻精土、化德硅藻原土、化德硅藻精土）为载体制备纳米 TiO_2/硅藻土复合光催化材料，并以罗丹明 B 染料为目标污染物，进行一系列暗吸附与光催化反应试验，可得出载体材料物理吸附性与光催化降解性能之间的相互关系。

　　试验条件：取制取的复合材料样品 0.1g、10mg/L 罗丹明 B 溶液 100mL，暗态情况下，在光反应仪中通过磁力搅拌进行样品暗吸附试验，不同时刻取一定量反应悬浮液，离心分离后取上清液测吸光度，并根据罗丹明 B 溶液标准曲线计算样品的吸附量。根据样品吸附量随反应时间的变化情况，利用准二级反应动力学模型对材料的吸附量进行计算。试验中选用德国赢创公司气相法生产的纳米二氧化钛 P25 以及无负载纯 TiO_2 做性能对比。图 2.10 为不同时刻，四种硅藻载体材料、P25、无负载纯 TiO_2 及四种复合材料样品对罗丹明 B 的吸附去除率。

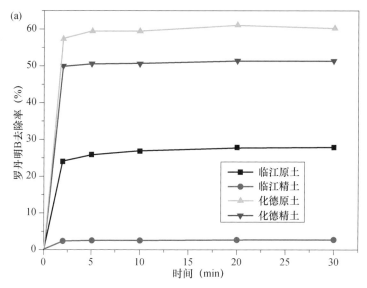

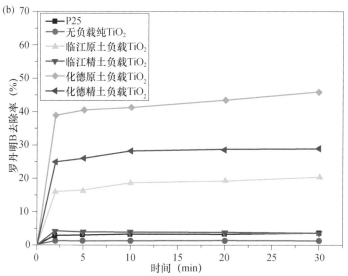

图 2.10　不同材料对罗丹明 B 的吸附去除率随时间的变化

（a）四种硅藻土载体；（b）P25、纯纳米 TiO_2 及四种光催化复合材料

由图 2.10 可知，吸附时间为 10min 时，所有材料基本均达到吸附平衡状态。对于四种硅藻土载体负载纳米 TiO_2 复合材料，硅藻精土较原土吸附罗丹明 B 的吸附速率快，但饱和吸附量小；原土对罗丹明 B 吸附能力较硅藻精土强；P25 与无负载纯 TiO_2 对罗丹明 B 基本无吸附能力，而四种硅藻土载体负载 TiO_2 后的吸附能力较负载前均有所下降，说明纳米 TiO_2 粒子的负载不利于复合材料对罗丹明 B 的物理吸附。

准二级反应动力学模型（pseudo-second order equation）是一种常用的描述物理化学反应的动力学模型，公式如下：

$$\frac{t}{Q_t} = \frac{1}{kQ_e^2} + \frac{t}{Q_e} \tag{2.2}$$

公式（2.2）中，k 为准二级反应速率，单位为 $[g/(mg \cdot min)]$；Q_e 为反应平衡后单位质量样品的反应量（mg/g）；Q_t 为反应时间为 t 时单位质量样品的反应量（mg/g）。

根据公式（2.2）拟合四种硅藻土载体负载纳米 TiO_2 复合材料、P25、纯 TiO_2 及复合光催化材料吸附罗丹明 B 的吸附动力学过程，结果见图 2.11。

由图 2.11、表 2.4 可知，准二级反应动力学模型可较好地描述材料对罗丹明 B 的吸附过程。水解沉淀法制备的纯 TiO_2 较 P25 吸附速率快，这是由于试验制得的纯 TiO_2 较 P25 的颗粒小，粒子表面活性高。硅藻原土对罗丹明 B 的吸附能力普遍优于精土，这可能是与原土本身含有的黏土杂质对于罗丹明 B 的吸附能力强有关。而经过提纯后的精土，由于黏土杂质含量降低，对罗丹明 B 的吸附能力有所下降。

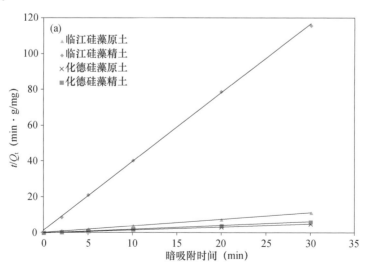

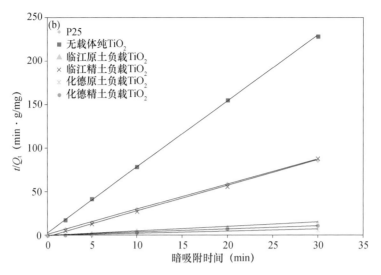

图 2.11　不同材料吸附罗丹明 B 的准二级动力学方程拟合结果
（a）四种硅藻土载体；（b）P25、纯纳米 TiO₂ 及四种光催化复合材料

表 2.4　不同材料吸附罗丹明 B 的准二级动力学方程参数

样品名称	反应动力学参数		
	k [g/ (mg·min)]	Q_e (mg/g)	R^2
临江原土	1.30	2.64	0.9998
临江精土	10.03	0.26	0.9995
化德原土	0.39	6.10	0.9978
化德精土	2.72	4.85	1
P25	6.39	0.35	0.9991
无负载纯 TiO₂	22.80	0.13	0.9996
临江原土负载 TiO₂	1.20	1.94	0.9995
临江精土负载 TiO₂	7.74	0.34	0.9988
化德原土负载 TiO₂	0.91	4.11	0.999
化德精土负载 TiO₂	1.16	2.74	0.9997

　　图 2.12 为不同光催化材料在相同降解条件下对 100mg/L 的罗丹明 B 的降解情况。由图 2.12 可知，这些光催化材料对罗丹明 B 的光降解速率小于暗态吸附速率。除临江原土负载纳米 TiO₂ 光催化材料外，其他几种光催化材料的降解率均在 80min 后达到 95％以上。虽然临江原土负载纳米 TiO₂ 光催化复合材料对罗

丹明 B 的吸附能力最强，但光催化效果反而最差。根据准二级反应动力学模型对上述几种光催化材料降解罗丹明 B 的光催化降解动力学过程进行拟合，拟合结果见图 2.13。由图 2.13 可知，准二级反应动力学模型可较好地描述光催化材料对罗丹明 B 的光降解反应过程，其相应的动力学参数见表 2.5。

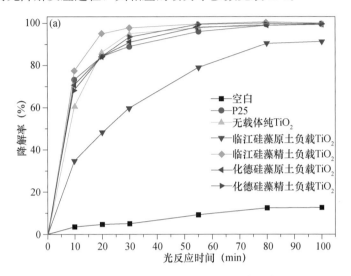

图 2.12　不同光催化材料对罗丹明 B 的光催化降解率随时间的变化

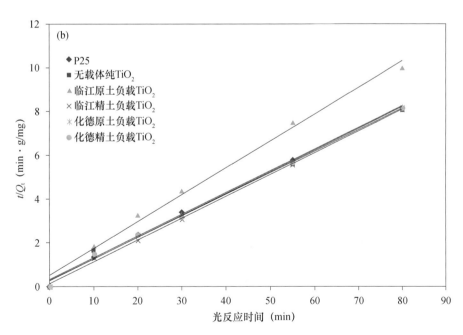

图 2.13　不同光催化材料光催化降解罗丹明 B 的准二级动力学方程拟合结果

表 2.5　不同光催化材料光催化降解罗丹明 B 的准二级动力学方程参数计算结果

样品名称	反应动力学参数		
	k [g/ (mg·min)]	Q_e (mg/g)	R^2
P25	0.0360	10.0000	0.997
无载体 TiO_2	0.0282	10.2881	0.994
临江原土/TiO_2	0.0255	8.2988	0.9949
临江精土/TiO_2	0.0721	10.0604	0.9989
化德原土/TiO_2	0.0352	10.0503	0.997
化德精土/TiO_2	0.0342	10.1626	0.9966

由表 2.5 可知，临江精土负载纳米 TiO_2 复合光催化材料的降解速率最高，略高于市售 P25 材料；纯纳米 TiO_2 虽然能够达到较好的光催化降解效果，但反应速度最慢；临江原土负载纳米 TiO_2 复合光催化材料的光催化反应性能无论从降解效果上还是降解速率上均最差；化德原土与精土制备的两种复合材料光催化性能区别不大。

硅藻土载体本身对罗丹明 B 这类有机污染物的吸附性能与制备的纳米 TiO_2/硅藻土复合材料的光催化性能之间没有必然联系，提纯后的硅藻精土对罗丹明 B 的吸附能力下降，但负载 TiO_2 后的复合材料光催化性能却强于原土；硅藻土杂质的减少及表面孔道的疏通对 TiO_2 粒子在硅藻颗粒表面负载后的分散性有显著影响；硅藻颗粒的完整性对复合材料的性能影响显著，碎硅藻颗粒不利于 TiO_2 粒子在硅藻表面均匀负载。因此，制备纳米 TiO_2/硅藻土复合光催化材料时应选择硅藻颗粒完整、纯度较高的硅藻精土作为载体。

尽管 TiO_2 本身具有光催化活性高、化学稳定性高、无毒、制备成本低等特点，使其在污水处理和空气净化等环保领域表现出明显优势。然而，在实际应用过程中仍然存在以下问题：①太阳能利用率低，因为带隙能较高（3.2eV），只能被紫外光所激发（仅占太阳光的 3%～5%）；②量子效率较低，光生电子-空穴复合速度快；③易于团聚，导致活性面积和吸附量降低；④颗粒尺寸小，难以分离回收再利用。通过硅藻土负载效应，虽然可以解决颗粒团聚、回收难、吸附性能差等问题，但其对太阳光的利用效率仍较差。为了进一步提高纳米 TiO_2/硅藻土复合材料的太阳光利用效率、光量子效率、反应活性与光稳定性，对负载的 TiO_2 进行离子掺杂、构建异质结等方法进行改性，进一步提高其光催化性能是十分必要的。

2.2.2　掺杂纳米 TiO_2/硅藻土复合材料

1. 金属元素掺杂

金属离子掺杂包括过渡金属元素掺杂和稀土金属元素掺杂。因为大部分过渡金属（如 Cr、Co、V、Fe 等）的氧化还原能级都处于 TiO_2 的导带与价带之间，所以过渡金属离子取代 TiO_2 晶格中的 Ti^{4+} 后会在靠近 TiO_2 导带的位置附近产生新的能级，从而降低其禁带宽度，进而提升材料在可见光下的光催化性能。本书以 V 掺杂为例，介绍金属元素掺杂对提高纳米 TiO_2/硅藻土复合材料光催化性能的影响机制。

根据前述的硅藻精土负载纳米 TiO_2 复合材料的优化制备工艺条件，以钒酸铵为掺杂组分制备钒掺杂的纳米 TiO_2/硅藻土复合光催化材料（V-TD），具体制备工艺流程如图 2.14 所示。

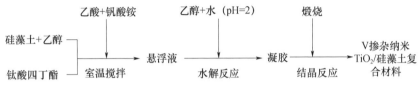

图 2.14　制备 V-TiO_2/硅藻土复合材料的工艺流程图

图 2.15 是硅藻精土、纳米 TiO_2/硅藻土以及不同 V 掺杂量情况下制备的 V-TiO_2/硅藻土复合材料的 XRD 谱图。如前所述，硅藻精土中含有无定形二氧化硅和石英，相应的峰位置如曲线（a）所示。V 掺杂的 TiO_2/硅藻土复合材料样品在 $2\theta=25.3°$、$37.8°$、$48.1°$、$53.9°$ 和 $62.9°$ 出现了分别归属于锐钛矿相 TiO_2 的（101）、（004）、（200）、（105）和（204）晶面衍射峰。同时，在各个掺杂样品中没有出现诸如金红石、板钛矿等其他晶相的 TiO_2。另外，也没有检测到任何钒氧化物的存在，说明 V 成功地进入了锐钛矿相 TiO_2 的晶格中。另一种解释是形成的钒氧化物的颗粒均匀地分散在 TiO_2 晶粒表面，而由于钒氧化物粒径超出了 X 射线的检测极限（≤2nm），因此在样品的 XRD 谱图中没有出现相应的衍射峰。随着 V 掺杂量的增加，锐钛矿相衍射峰强度先增强然后几乎保持不变，峰宽先变宽后略变窄。说明 V 掺杂量增加后，TiO_2 晶粒先减小后增大，结晶度也更高，这对光催化活性的影响很大。已有研究证明，过渡金属元素掺杂往往会导致 TiO_2 晶格畸变。因此，为了研究 V 掺杂后所导致的 TiO_2 晶体结构的变化，将 V-TiO_2/硅藻土样品的锐钛矿相（101）衍射峰的 XRD 谱图放大，如图 2.15（b）所示。可以看出，随着 V 掺杂量的升高，锐钛矿相（101）衍射峰的位置逐渐向右移动。这说明：V 离子进入 TiO_2 晶格取代了 Ti 离子。而与 V^{5+} 相比（0.068nm），V^{4+} 的离子半径（0.072nm）更加接近 Ti^{4+} 离子半径（0.074nm）。所以 V^{4+} 更容易进入晶格取代 Ti^{4+}，V^{5+} 则更倾向于形成 V_2O_5 存在于 TiO_2 晶粒表面。这一推论也与其他研究人员所得结果一致。另外，本节中后面的 X 射线光电子能谱和紫外-可见漫反射光谱的结果也可以进一步证实这个结论。

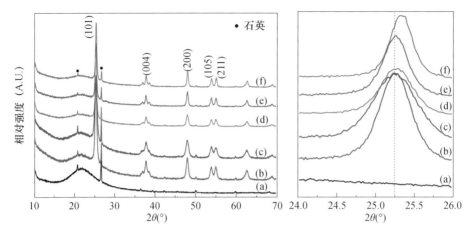

图 2.15 （a）硅藻精土、（b）纳米 TiO$_2$/硅藻土以及（c～f）不同 V
掺杂量下制备的 V-TiO$_2$/硅藻土复合材料 XRD 图

根据 Scherrer 方程计算了所有样品中锐钛矿相 TiO$_2$ 的平均晶粒尺寸，列于表 2.6。如表 2.6 所示，随着 V 掺杂量的升高，TiO$_2$ 的晶粒尺寸先减小后增加，由未掺杂时的 31.98nm 先减少到掺杂量为 0.5mol％时的 16.49nm，然后增加到掺杂量为 1.5mol％时的 22.27nm。说明 V^{4+} 的取代起到抑制晶粒生长的作用，而 V^{5+}（V$_2$O$_5$）的作用则正好相反。

表 2.6 不同 V 掺杂量情况下制备的 V-TiO$_2$/硅藻土复合材料的平均晶粒尺寸及禁带宽度

样品	晶粒尺寸（nm）	禁带宽度（eV）
TD-750	31.98	3.17
0.25％-V/TD	13.21	3.13
0.5％-V/TD	16.49	2.95
1.0％-V/TD	20.88	3.05
1.5％-V/TD	22.27	3.05

为了进一步证实 V 作为掺杂元素部分进入了 TiO$_2$ 晶格内，对不同 V 掺杂量下制备的 V-TiO$_2$/硅藻土复合材料进行了拉曼光谱测试，如图 2.16 所示。所有样品的特征峰都对应着锐钛矿相 TiO$_2$。根据文献报道，锐钛矿相 TiO$_2$ 具有 6 个明显的拉曼特征峰：$A_{1g}+2B_{1g}+3E_g$。其中，最强的一个 $E_{g(1)}$ 振动峰出现在 144cm^{-1} 处，另外两个较弱的 E_g 振动峰出现在 196cm^{-1}［$E_{g(2)}$］和 638cm^{-1}［$E_{g(3)}$］处，一个 $B_{1g(1)}$ 振动峰出现在 396cm^{-1} 处，［$A_{1g}+B_{1g(2)}$］振动峰出现在 516cm^{-1} 处。每个样品在 144cm^{-1} 处的拉曼峰归属于 Ti—O 键的弯曲振动。随着 V 掺杂量的增加，样品的 E_g 振动峰发生了微弱的蓝移，这一结果可能是由于 V^{5+}/V^{4+} 离子引起的晶格畸变和 Ti—O 键振动加强所导致的。拉曼测试结果

清晰地表明：V^{5+}/V^{4+} 离子掺杂后锐钛矿相 TiO_2 晶体结构仍然保存完好，没有转变为其他晶型。

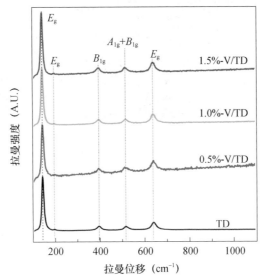

图 2.16　纳米 TiO_2/硅藻土和不同掺杂量下制备的 V-TiO_2/硅藻土复合材料拉曼光谱图

载体硅藻精土具有多孔的圆盘形结构，直径约为 $10\mu m$［图 2.17（a）］。负载 TiO_2 颗粒后，硅藻结构仍然完好，大部分的 TiO_2 颗粒为不规则球形，粒子直径在 $15\sim30nm$，且分散性好［图 2.17（b）］，说明硅藻载体有利于 TiO_2 颗粒的均匀负载。EDS 结果证实了复合材料的元素组成，主要含有 Si、Ti、O 等三种元素。在 HRTEM 图中可以清楚地看到 TiO_2 晶粒的晶格条纹，其间距为 $0.354nm$，这与锐钛矿相（101）晶面的晶面间距值一致。硅藻颗粒由其无定形结构而无晶格条纹，负载上的 TiO_2 粒子部分嵌入硅藻骨架的无定形结构中，两者间结合牢固，有利于提高材料的耐久性。从图 2.17（d）可以看出：与未掺杂样品中的纳米 TiO_2 颗粒相比，掺杂量为 $1.0mol\%$ 的样品中所含 TiO_2 颗粒粒径略有增大。此外，在 TiO_2 晶粒表面还出现了粒径很小的颗粒，有可能是 V_2O_5 颗粒。

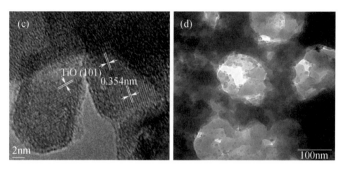

图 2.17　纳米 TiO_2/硅藻土和不同 V 掺杂量 $V\text{-}TiO_2$/
硅藻土复合材料 TEM 图及能谱分析结果

　　图 2.18 为不同 V 掺杂量情况下制备的硅藻土负载纳米 TiO_2 复合材料的全谱扫描及 Ti 2p、O 1s、V 2p 区高分辨率 X 射线光电子能谱图及其相关拟合数据。图 2.18（A）是各不同 V 掺杂量样品的全谱扫描结果，从图中可以明显看出 Ti、O、Si 的信号。图 2.18（B）分别为不同 V 掺杂量情况下制备的 $V\text{-}TiO_2$/硅藻土复合材料的 Ti 2p 区高分辨率 X 射线光电子能谱及其相关拟合数据。通过 CASA XPS 分峰软件处理可知，样品中 Ti 元素有两类结合能：Ti $2p_{3/2}$ 结合能在 458.6eV 左右的主峰以及 Ti $2p_{1/2}$ 结合能在 464.3eV 左右的附属峰，因此可以确定样品中 Ti 元素主要以正四价的氧化态（Ti^{4+}）形式存在。与未掺杂样品中 Ti 2p 结合能（458.9 和 464.6eV）相比，V 掺杂样品中 Ti 2p 结合能有所减小，说明部分 V 离子进入 TiO_2 晶格，并且影响了 Ti^{4+} 的化学态。

　　对 1.0%-V/TD 样品的 O 1s 区高分辨率谱图进行分峰拟合，结果如图 2.18（C）所示，主峰处于 533.1eV 处，另外有两个结合能较低的峰大约在 531.5eV 和 530.1eV 附近。拟合结果显示这三个峰分别属于 Si—O 键、表面吸附水中羟基的 O—H 键以及 Ti—O 键；三者所占 O 原子相对比率分别为 66.2%、7.6% 和 26.2%。Ti—O 键结合能的变化可能是由于 Ti—O—Si 键的形成所导致的。另外，图 2.18（D）是 1.0%-V/TD 样品的 V 2p 区高分辨率谱图分峰拟合结果。V 元素具有两个结合能相近的化学态，结合能为 517.3eV 的化学态是 V^{5+} $2p_{3/2}$，而 516.2eV 处的峰属于 V^{4+} $2p_{3/2}$。这一结果表明 1.0%-V/TD 样品中同时存在 V^{5+} 和 V^{4+}，根据峰面积可知 V^{5+} 所占比率较大。已有研究表明，V^{4+} 应该是由原料钒酸铵（NH_4VO_3）中的 V^{5+} 还原而来。由于具有相似的离子半径，V^{4+} 更易进入 TiO_2 晶格进行取代，形成 Ti—O—V 键。

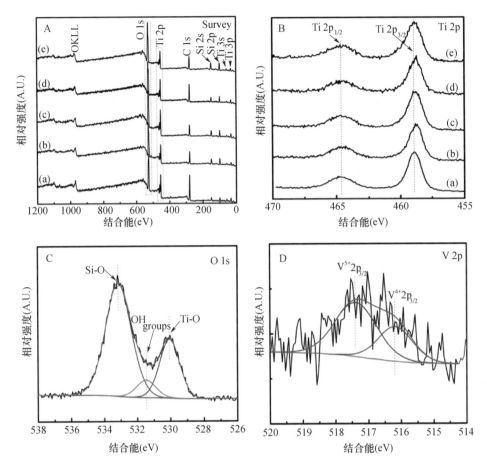

图 2.18　纳米 TiO$_2$/硅藻土和不同 V 掺杂量的 V-TiO$_2$/硅藻土复合材料

（A）XPS 全谱扫描和（B）Ti 2p 高分辨率扫描；1.0%-V/TD 样品的

（C）O 1s 和（D）V 2p 高分辨率扫描

　　众所周知，半导体光催化剂活性与其禁带结构息息相关。纯 TiO$_2$ 颗粒的禁带宽度较大，难以利用太阳光中的可见光进行反应，因此本研究尝试通过过渡金属 V 掺杂改变 TiO$_2$ 的禁带结构，在一定程度上减小复合材料的禁带宽度。所以对未掺杂的纳米 TiO$_2$/硅藻土复合材料以及不同 V 掺杂量情况下制备的 V-TiO$_2$/硅藻土复合材料进行紫外-可见漫反射光谱测试，结果如图 2.19 所示。未掺杂情况下，TiO$_2$ 只能被波长小于 387nm 的紫外光所激发，电子可以从 O 2p 轨道跃迁至 Ti 3d 轨道。与纳米 TiO$_2$/硅藻土的漫反射光谱相比，V 掺杂后样品在紫外光区的吸光度有所增加，同时，在 400～700nm 的可见光区也具有一定的吸光度。所以，图 2.19（a）表明微量的 V 掺杂导致吸收带边向可见光方向移动，这主要是由于 V 掺杂后在 TiO$_2$ 导带底形成了新的杂质能级。由于这种杂质能级处于禁带内，导致价带电子可以先吸收可见光后跃迁到杂质能级，再进一步转移到导带。

根据 Kubelka-Munk（K-M）函数换算为吸收谱，并计算所测样品的禁带宽度，如图 2.19（b）及表 2.6 所示。随着 V 掺杂量的增加（0.25%～1.5%），禁带宽度由未掺杂样品的 3.17eV 分别减小为 3.13eV、2.95eV、3.05eV 和 3.05eV。而且禁带宽度的减小主要是由于低浓度的 V^{4+} 进入 TiO_2 晶格，在禁带中形成杂质能级所导致的。当掺杂量达到 1.0% 和 1.5% 时，禁带宽度有所增加，变为 3.05eV。这是由于此时掺杂元素 V 主要以 V^{5+} 形式存在，而 V^{5+} 可以作为电子受体。另一方面，由于 V_2O_5 的禁带为 2.0eV，所以 1.0%-V/TD 和 1.5%-V/TD 样品的吸收带边与未掺杂样品相比，仍显红移。漫反射光谱证明：掺杂元素 V 改变了复合材料的光吸收性质，V^{4+} 与 V^{5+} 的共同存在导致掺杂后复合材料的禁带宽度以及电子迁移性都有所变化。在本研究中，V^{4+} 部分取代了 Ti^{4+}，导致复合材料禁带减小；而 V^{5+} 在 TiO_2 晶粒表面以 V_2O_5 的形式存在，有利于光生电子和空穴的分离。这是由于 V_2O_5 的费米能级较低，光生电子可以迅速地转移到 V^{5+} 处，而将光生空穴留在 TiO_2 的价带中。

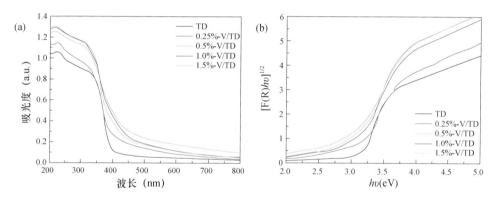

图 2.19　（a）纳米 TiO_2/硅藻土和不同掺杂量下制备的 V-TiO_2/硅藻土复合材料的紫外-可见漫反射光谱；（b）Kubelka-Munk（K-M）函数换算结果

光致发光光谱（Photoluminescence Spectroscopy，PL）已被广泛用于揭示半导体光催化剂中光生电子-空穴对的迁移和复合过程。当光催化剂中受光照激发产生的电子-空穴对复合后，会释放光子，引起相应的 PL 光谱变化。图 2.20 是未掺杂的纳米 TiO_2/硅藻土和不同 V 掺杂量的 V-TiO_2/硅藻土复合材料的 PL 光谱图。谱图中发射信号集中在两个波长区域内——375～425nm 以及 450～500nm。前者主要是由于光生电子在禁带间的跃迁与复合，而后者是由于电子与氧空穴间的复合。由于 PL 光谱中的信号是受激发的电子与空穴发生复合所导致的，V 掺杂样品的较弱的 PL 发射光谱信号意味着较少的光生电子-空穴复合。

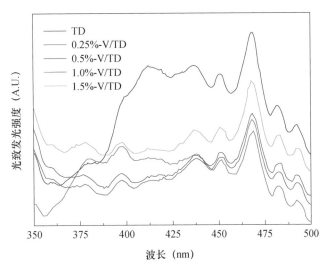

图 2.20　纳米 TiO_2/硅藻土和不同 V 掺杂量制备的
V-TiO_2/硅藻土复合材料的光致发光光谱

如图 2.20 所示，V 掺杂后，样品的 PL 发射光谱信号明显减弱，可以解释为以下几个原因：第一，受紫外光激发产生的电子从 TiO_2 导带迁移到 TiO_2 表面的 V^{5+} 处；第二，其他受可见光激发产生的电子被 TiO_2 禁带中 V 3d 所形成的能级所接收，然后转移到 V^{5+} 处。所有的这些光生电子都会与吸附在光催化剂表面的氧分子反应，生成超氧自由基。因此，PL 发射光谱的淬灭现象说明了掺杂后光生电子-空穴的复合受到抑制，V-TiO_2/硅藻土复合材料的光催化活性也将会有所提高。另外，468nm 处信号的强度随着 V 掺杂量的增加，先减弱后增强。这说明过量的金属离子掺杂会导致光生电子-空穴复合，降低光催化效率。

为了考察掺杂量对材料光催化活性的影响，以染料罗丹明 B 为目标降解物，模拟太阳光为光源，测试不同 V 掺杂量情况下制备的 V-TiO_2/硅藻土复合材料对罗丹明 B 的降解率。图 2.21 是 RhB 浓度随时间变化的曲线以及光催化反应的动力学曲线。根据 Langmuir-Hinshelwood（L-H）动力学方程计算得到表观反应速率常数列于表 2.7。由表 2.7 可知，各掺杂样品的表观反应速率常数变化趋势为 0.5%-V/TD＞1.0%-V/TD＞1.5%-V/TD＞0.25%-V/TD＞TD。随着 V 掺杂量的增加，复合材料的光催化活性先升高后降低，样品 0.5%-V/TD 与 1.0%-V/TD 的 k_{app} 最高，分别为 $8.56\times10^{-3}\,min^{-1}$ 和 $8.53\times10^{-3}\,min^{-1}$。所以，光催化测试结果表明，V 掺杂样品具有更好的光催化性能。提高的原因主要是由于禁带宽度减小而导致的对可见光利用率的提升。除此之外，光生电子-空穴复合情况的改善也是 V-TiO_2/硅藻土复合材料光催化性能提升的重要原因。0.5%-

V/TD、1.0%-V/TD 和 1.5%-V/TD 三个样品的表观反应速率常数分别是未掺杂样品 k_{app} 的 7.19 倍、7.17 倍和 5.13 倍。

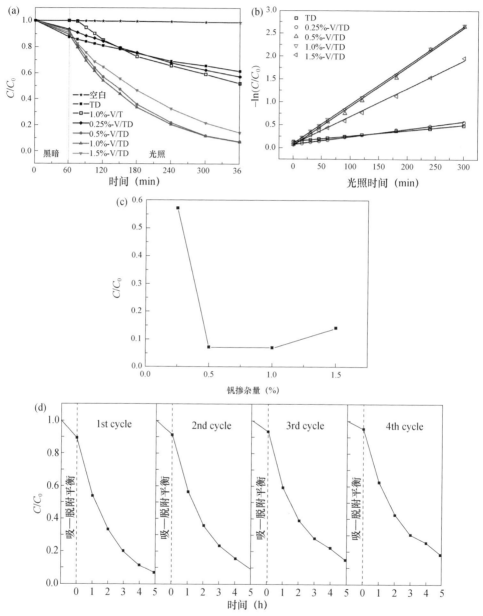

图 2.21　模拟太阳光条件下：（a）纳米 TiO_2/硅藻土和不同 V 掺杂量下制备的 V-TiO_2/硅藻土复合材料对 RhB 的光催化降解曲线；（b）动力学曲线；（c）去除率随掺杂量变化曲线；以及（d）1.0%-V/TD 样品的重复性实验

表 2.7　不同 V 掺杂量情况下制备的 V-TiO$_2$/硅藻土复合材料的光催化活性

样品	罗丹明 B 去除率（%）	表观速率常数（$10^{-3}\mathrm{min}^{-1}$）	R^2
TD-750	38.64	1.19	0.99611
0.25%-V/TD	42.80	1.66	0.99680
0.5%-V/TD	92.93	8.56	0.99742
1.0%-V/TD	93.09	8.53	0.99926
1.5%-V/TD	85.94	6.10	0.99669

为了进一步说明硅藻土载体的作用，在相同的实验条件下，制备了不含硅藻土载体的 V 掺杂 TiO$_2$ 样品，并与 V-TiO$_2$/硅藻土复合材料进行比较。不含硅藻土载体的样品（1.0%-V/T）在相同条件下仅表现出 53.74% 的降解率。相比较而言，V-TiO$_2$/硅藻土复合材料样品 1.0%-V/TD 对罗丹明 B 的降解率为 93.09%。这进一步证明了硅藻土载体对材料光催化性能的促进作用。此外，硅藻土载体还提高了 TiO$_2$ 的热稳定性，能够在较高的煅烧温度下仍保持锐钛矿相。一方面，这使得光生电子、空穴能够更快地迁移到催化剂表面，参与后续反应，从而减少体相复合；另一方面，使 TiO$_2$ 光活性组分在具有较高结晶度的同时，还以光催化性能更佳的锐钛矿相存在。而且复合材料中 TiO$_2$ 的质量分数只有约 20%。从实际应用角度来看，如此低的 TiO$_2$ 含量和 V 掺杂量也符合低成本可见光光催化剂的要求，利于材料产业化。

样品 1.0%-V/TD 的回收重复利用实验结果如图 2.21（d）所示。复合材料表现出了良好的重复利用性，经过 4 次使用后，仍能保持较高的催化活性。另外，重复使用的样品对于 RhB 仍具有一定的吸附能力，在 60min 内达到吸附平衡。与首次使用时相比，第四次使用时活性有所降低，可能是由于某些中间产物吸附在催化剂表面，导致光吸收性能和电子迁移性能减弱。

2. 非金属掺杂

氮离子具有与氧离子相似的原子半径和较小的电离能，因此能够容易地进入 TiO$_2$ 的晶胞结构中。氮掺杂 TiO$_2$ 起始于 Sato 等的研究，1986 年 Sato 等发现在钛溶胶中加入 NH$_4$OH，再将沉淀煅烧，就能得到具有可见光响应活性的 N-TiO$_2$ 材料。但与纯 TiO$_2$ 的紫外光光催化活性相比，N-TiO$_2$ 的可见光光催化活性较弱。掺杂后增多的氧空穴导致光生电子-空穴的复合概率增大，这也是目前 N-TiO$_2$ 的可见光光催化效率不高的主要原因。与氮掺杂类似，碳也可进入 TiO$_2$ 晶胞结构中，或取代 TiO$_2$ 晶胞中的 O 原子，使 TiO$_2$ 的禁带宽度变窄，增强 TiO_2 的可见光响应能力；此外，碳掺杂后 TiO_2 表面易形成碳基基团，不仅可提升 TiO_2 中锐钛矿的晶型稳定性，还可加速有机污染物向 TiO_2 颗粒表面的迁移。与单掺杂相比，碳氮共掺杂 TiO_2 材料可同时兼具氮掺杂与碳掺杂的优势，与单（氮或碳）掺杂 TiO_2 材料相比，其可见光催化性能可进一步提升。

另一方面，氟掺杂并不能改变 TiO_2 的禁带宽度，但其不但可以增加表面酸性位，而且通过 F^- 和 Ti^{4+} 之间的电荷补偿还能生成 Ti^{3+}，从而增加超氧自由基和羟基自由基的生成，并且表面上的 Ti^{3+} 可以捕获导带电子，并将其转移给吸附在催化剂表面的氧分子，进而改善光生载流子的分离。此外，氟离子插入 TiO_2 晶格还可以提高锐钛矿相向金红石相的转变温度。

因此，本书以 CN 共掺杂及 F 掺杂为例，介绍非金属元素掺杂对提高纳米 TiO_2/硅藻土复合材料光催化性能的影响机制。

CN 共掺杂 TiO_2/硅藻土复合材料：采用临江硅藻土精矿（DE）作为 TiO_2 载体，以钛酸四丁酯为钛源，六次甲基四胺同时为碳源及氮源，通过温和的溶胶凝胶法制备得到碳氮共掺杂改性 TiO_2/硅藻土复合材料。具体制备工艺条件如下：首先，在 25℃ 恒温下，将 6mL 钛酸四丁酯、2mL 乙酸及 10mL 无水乙醇混合，同时加入一定质量的六次甲基四胺（六次甲基四胺与理论 TiO_2 质量比分别为 0、5%、10%、15% 及 20%），持续搅拌 20min 后得到溶液 A。随后，将 3.5g 硅藻土与 10mL 无水乙醇混合，超声 5min 后，加入 A 溶液中得到悬浮液 B。将 10mL 无水乙醇与 10mL 蒸馏水混合，采用盐酸调节 pH 值至 2，得到溶液 C。将溶液 C 逐滴加入到悬浮液 B 中，熟化 12h 后，将所得凝胶置于 80℃ 烘箱烘干。将所得粉末置于 500℃ 条件下煅烧 120min（先 60min 氮气气氛，后 60min 空气气氛），冷却后即可得到碳氮共掺杂改性 TiO_2/硅藻土复合材料（标记为：TD、CNTD-5%、CNTD-10%、CNTD-15% 和 CNTD-20%）。同时，采用上述方法，制备纯 TiO_2 及碳氮掺杂 TiO_2 样品（其中：六次甲基四胺与理论 TiO_2 质量比为 10%，标记为 CNT-10%）。

碳氮共掺杂改性 TiO_2/硅藻土复合材料及其对照样品 X 射线衍射图及各材料的晶粒尺寸如图 2.22 所示。硅藻土的 XRD 图谱清晰地显示了无定形二氧化硅在 21.8° 的宽衍射峰，而在 26.6° 处的衍射峰可归属于硅藻土中的石英杂质。在纯 TiO_2 及碳氮共掺杂改性 TiO_2/硅藻土复合材料 X 射线谱图中，$2\theta = 25.4°$、37.9°、48.1°、54.0°、55.1° 及 63.0° 等处均出现归属于锐钛矿（101）、（004）、（200）、（105）、（211）及（204）等晶面的特征衍射峰。与纯 TiO_2 相比，碳氮共掺杂改性 TiO_2/硅藻土复合材料中归属于锐钛矿（101）晶面的特征衍射峰的峰位发生偏移，且随着六次甲基四胺含量的升高，偏移量逐渐升高。这可能是因为碳氮掺杂于 TiO$_2$ 表面或进入晶格内，导致 TiO$_2$ 晶格发生了畸变。同时，由 De-bye-Scherrer 公式计算得到纯 TiO$_2$ 及碳氮共掺杂改性 TiO$_2$/硅藻土复合材料中 TiO$_2$ 的晶粒尺寸。从图 2.22 中可以看出，与纯 TiO$_2$ 相比，碳氮共掺杂改性 TiO$_2$/硅藻土复合材料中 TiO$_2$ 的晶粒尺寸显著降低，表明硅藻土可抑制 TiO$_2$ 晶粒的结晶与生长。

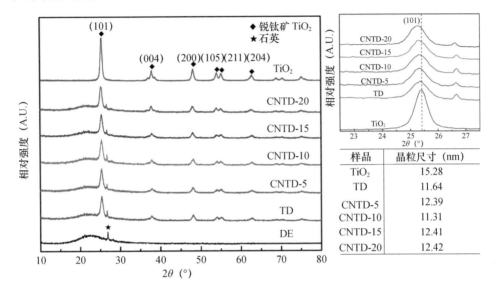

样品	晶粒尺寸 (nm)
TiO$_2$	15.28
TD	11.64
CNTD-5	12.39
CNTD-10	11.31
CNTD-15	12.41
CNTD-20	12.42

图 2.22 碳氮共掺杂改性 TiO$_2$/硅藻土复合材料及其
对照样品 XRD 图谱及其对应晶粒尺寸

采用 X 射线光电子能谱分析进一步剖析复合材料中碳氮、TiO$_2$ 及硅藻土中各元素的化学态及结合形式。与纯 TiO$_2$ 相比，碳氮共掺杂改性 TiO$_2$/硅藻土复合材料 X 射线光电子能谱图中出现了 N 1s 的新峰 [图 2.23 (a)]，证明了氮的成功掺杂。此外，与纯 TiO$_2$ 相比，碳氮共掺杂改性 TiO$_2$/硅藻土复合材料中 Ti 2p 结合能发生了偏移 [图 2.23 (b)]，可能是因为碳或氮在 TiO$_2$ 表面及晶格间的掺杂效应。碳氮共掺杂改性 TiO$_2$/硅藻土复合材料 O 1s 谱图中 533.1eV 结合能可归属于硅藻土中无定形二氧化硅的 Si—O—Si 键 [图 2.23 (c)]。复合材料 C 1s 可分为 3 个峰 [图 2.23 (d)]，分别位于 284.8eV、286.7eV 及 288.7eV，可分别归属于 C—H、C—O 及 C=O 键。复合材料 C 1s 谱图未在 281.0eV 处出现归属于 Ti—C 键的新峰，表明锐钛矿中氧原子未被碳取代。因此可以推测，复合材料中，碳可能在 TiO$_2$ 表面形成复杂的活性炭基团。复合材料 N 1s 谱图中未检测到归属于 N$^-$ 的结合能峰，可能是因为氮未取代锐钛矿中的氧，而是进入了 TiO$_2$ 的晶格间隙。

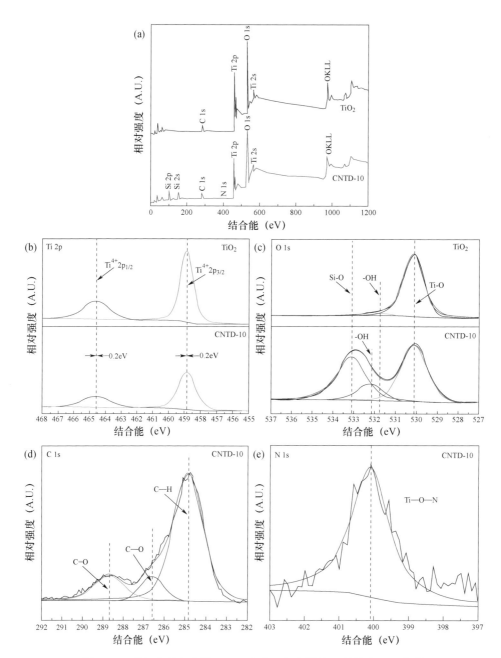

图 2.23　碳氮共掺杂改性 TiO₂/硅藻土复合材料 X 射线光电子能谱

(a) 全谱图；(b) Ti 2p；(c) O 1s；(d) C 1s；(e) N 1s

　　采用高倍透射电镜对碳氮共掺杂改性 TiO₂/硅藻土复合材料的微观结构与形貌进行剖析。从图 2.24（a）和（b）可以看出，TiO₂ 颗粒直径分布于 10～15nm 之间，均匀分布于硅藻土表面。复合材料中间隔条纹间距为 0.241nm 及

0.354nm，可分别归属于锐钛矿的（001）及（101）晶面。图 2.24（c）～（e）表明，锐钛矿（001）晶面占比明显高于（101）晶面。较高的（001）晶面占比，有利于提升复合材料的光催化性能。

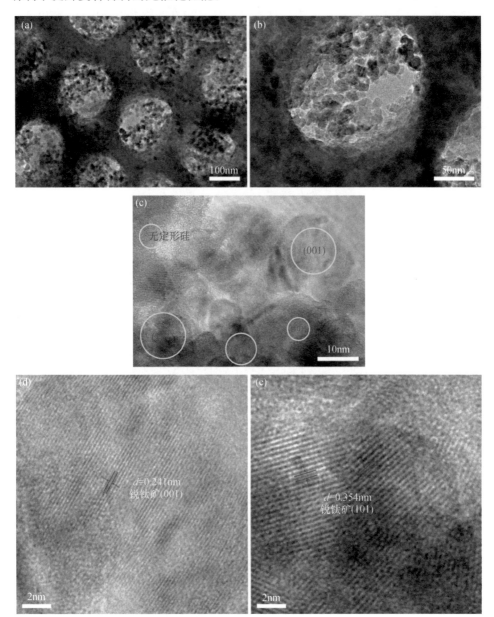

图 2.24 碳氮共掺杂改性 TiO_2/硅藻土复合材料透射电镜图

碳氮共掺杂改性 TiO_2/硅藻土复合材料的比表面积和孔结构，如图 2.25 及表 2.8 所示。从图 2.25 中可以看出，碳氮共掺杂改性 TiO_2/硅藻土复合材料的

N₂ 吸附-解吸等温曲线呈现Ⅳ型吸附类型，具有介孔结构的特征。与纯 TiO₂ 孔径分布（5～10nm 为主）相比，碳氮共掺杂改性 TiO₂/硅藻土复合材料孔径主要分布于 2～5nm。与未改性 TiO₂/硅藻土复合材料相比，碳氮掺杂改性后复合材料具有更高的比表面积及孔体积，具有最小的平均孔径（表 2.8）。碳氮共掺杂改性 TiO₂/硅藻土复合材料的这一系列结构的改变，均有利于材料对有机污染的吸附与锚定，提升复合材料的光催化性能。

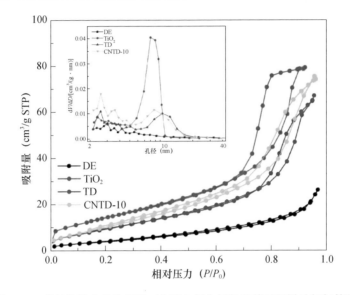

图 2.25　碳氮共掺杂改性 TiO₂/硅藻土复合材料及其对照样品氮气等温
吸脱附曲线及 BJH 孔径分布曲线

表 2.8　碳氮共掺杂改性 TiO₂/硅藻土复合材料及其对照样品的结构特性

样品	BET 比表面积（m^2/g）	孔体积（cm^3/g）	平均孔径（nm）
DE	16.44	0.046	7.54
TiO₂	54.48	0.144	7.01
TD	37.72	0.116	8.16
CNTD-10	42.61	0.138	6.75

　　图 2.26 为碳氮共掺杂改性 TiO₂/硅藻土复合材料及其对照样品的光学分析（紫外-可见漫反射光谱与能带图及荧光光谱）对比图。如图 2.26（a）所示，硅藻土对光的吸收能力较弱。纯 TiO₂ 仅在紫外光区展现了较好的光吸收能力，但对可见光的吸收能力极弱。与纯 TiO₂ 相比，碳氮共掺杂改性 TiO₂/硅藻土复合材料对可见光的吸收能力显著提升。基于 Kubelka-Munk 函数与光能的变换获得的曲线如图 2.26（a）所示，通过将 Kubelka-Munk 函数曲线的线性区域外推到

光子能量轴上，估算样品的光学带隙，发现 TiO₂、未掺杂 TiO₂/硅藻土、碳氮共掺杂改性 TiO₂/硅藻土复合材料的光学带隙分别为 2.93eV、3.01eV 及 2.98eV。

图 2.26（b）为未掺杂 TiO₂/硅藻土及碳氮共掺杂改性 TiO₂/硅藻土复合材料的荧光光谱图。未掺杂及掺杂复合材料荧光光谱峰位相近，且峰位最高点均在 396nm。与未掺杂 TiO₂/硅藻土相比，碳氮共掺杂改性 TiO₂/硅藻土复合材料荧光光谱峰相对较弱，表明碳氮掺杂后，复合材料具有较低的光生电子-空穴复合速率。

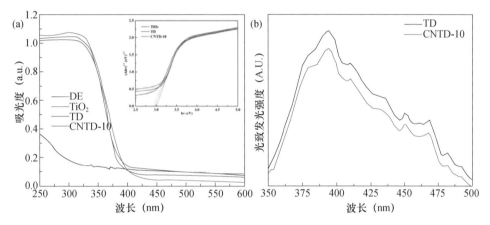

图 2.26 碳氮共掺杂改性 TiO₂/硅藻土复合材料及其对照样品
（a）紫外-可见漫反射光谱及能带图；（b）荧光光谱

在模拟太阳光照射下，通过水相中罗丹明 B（RhB）的降解效果来评价样品的光催化活性。从图 2.27（a）可以看出，与硅藻土及纯 TiO₂ 相比，碳氮共掺杂改性 TiO₂/硅藻土复合材料展现了更好的吸附性能，这可能是因为其优异的孔结构特性。光反应 5h 后，纯 TiO₂ 对罗丹明 B 的降解率为 57%，而碳氮掺杂 TiO₂ 对罗丹明 B 的降解率升高至 78%，结果表明碳氮掺杂可显著改善 TiO₂ 的光催化活性。与纯 TiO₂ 及碳氮掺杂 TiO₂ 相比，碳氮共掺杂改性 TiO₂/硅藻土复合材料对罗丹明 B 的降解效率更优。其中，当六次甲基四胺占 TiO₂ 质量比的 10% 时，所得碳氮共掺杂改性 TiO₂/硅藻土复合材料对罗丹明 B 的催化效率更高，达到 94%。这可能是由于光催化剂的禁带宽度及光生电子空穴对的分离复合效率不同所致。

如图 2.27（b）所示，光催化降解遵循准一级动力学模型，优化碳氮共掺杂改性 TiO₂/硅藻土复合材料模拟太阳光条件下与罗丹明 B 的反应速率常数为 $0.00870min^{-1}$，约为纯 TiO₂ 的 3.2 倍。综上所述，采用碳氮共掺杂改性 TiO₂/

硅藻土，可显著提升光催化活性，为 TiO₂/硅藻土复合催化材料的光催化性能优化提供了新的方向。

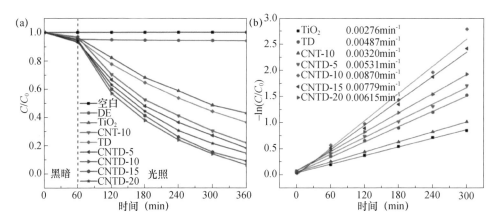

图 2.27　（a）碳氮共掺杂改性 TiO₂/硅藻土复合材料及其对照样品可见光下降解罗丹明 B 曲线；（b）对应的准一级动力学曲线

F 掺杂 TiO₂/硅藻土复合材料：以提纯硅藻土（DE）为载体制备 F 掺杂 TiO₂/硅藻土复合材料（F-T/DE）。首先，将 2.0g DE 分散在 28.0mL 乙醇和 2.0mL 乙酸组成的混合物中，搅拌 30min，制备出 DE 悬浮液，然后在上述悬浮液中按照不同的氟钛摩尔比（0%、0.5%、1.0%、3.0%、5.0%）添加氟化铵。之后，在连续搅拌下，将 3mL 钛酸四丁酯（TBOT）逐滴加入到悬浮液中，然后添加 24.0mL 乙醇水溶液［V（乙醇）：V（水）＝1∶1；pH＝2］，促进 TBOT 以中等速率水解。然后将混合物连续搅拌 12h，从而将生成的氟掺杂二氧化钛胶体固定在 DE 表面上。最终产品在 80℃的烘箱中干燥 12h，然后进行煅烧（500℃在空气中煅烧 2h，升温速率 2.5℃/min）。不同氟钛比的样品分别命名为 T/DE、F-T/DE-0.5%、F-T/DE-1.0%、F-T/DE-3.0% 和 F-T/DE-5.0%。采用与 F-T/DE 复合材料相似的方法，在不添加 DE 和氟化铵的情况下制备纯 TiO₂（T）。同时合成不含硅藻土的 F-TiO₂（1.0%），命名为 F-T-1.0%。

为了研究所制备催化剂的晶体结构，采用 XRD 对所制备样品进行分析（图 2.28）。如图所示，硅藻土的 X 射线衍射图与非晶态蛋白石的 X 射线衍射图相一致，在中心约为 $2\theta=21.8°$ 处有一较宽的衍射峰，而在 $2\theta=26.6°$ 处的特征衍射峰则与石英有很好的对应性。F-T/DE 复合材料 X 射线衍射图中仅存在锐钛矿型 TiO₂ 的特征衍射峰，峰位分别在 25.3°、37.9°、48.1°、54.0°、55.1°和 62.8°处，分别代表锐钛矿型 TiO₂ 的（101）、（004）、（200）、（105）、（211）和（204）

晶面。由于煅烧温度较低,样品中未观察到金红石或板钛矿等其他类型的 TiO₂ 晶体。同时,本研究中未发现氟掺杂对复合材料峰位的影响,这可能是由于掺杂的氟原子的离子半径(0.133nm)与所替换的氧原子的离子半径(0.132nm)近似相同,因此氟元素的掺入没有引起明显的晶格畸变。此外,根据锐钛矿的(101)衍射晶面,通过 Scherrer 方程计算出复合材料的平均晶粒尺寸,如图 2.28 所示。结果表明,硅藻土作为载体可显著降低 TiO₂ 的晶粒尺寸,这是由于硅藻土的空间迟滞效应,因而抑制了 TiO₂ 晶粒的生长。

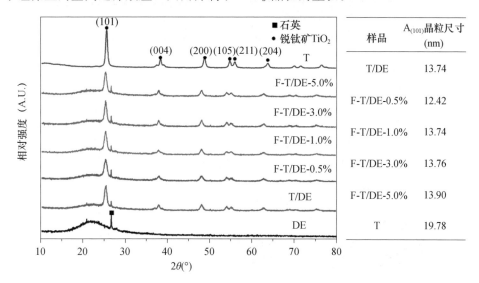

样品	A_{(101)}晶粒尺寸 (nm)
T/DE	13.74
F-T/DE-0.5%	12.42
F-T/DE-1.0%	13.74
F-T/DE-3.0%	13.76
F-T/DE-5.0%	13.90
T	19.78

图 2.28 纯硅藻土、TiO₂ 和制备的 F-T/DE 复合材料的 XRD 图谱及
不同样品 A_{(101)} 晶粒尺寸

复合材料的形貌和微观结构如图 2.29 所示。扫描电镜照片〔图 2.29(a)和(b)〕表明,硅藻土呈多孔的圆盘状,其半径为 30~40μm,硅藻土经提纯后表面变得更加平整光滑。此外,硅藻土作为光催化剂载体时,其规则而清晰的孔结构有利于污染物分子的吸附。对于纯 TiO₂ 纳米颗粒,由于纳米效应的存在,TiO₂ 纳米颗粒更倾向于聚集和团聚,以降低其高表面能。团聚的产生显著降低了 TiO₂ 的表面积,并影响了吸附能力〔图 2.29(e)和(f)〕。与纯 TiO₂ 纳米颗粒的严重团聚现象不同,大多数 TiO₂ 纳米颗粒在硅藻土的表面和孔隙中分布密集且均匀,F-T/DE 复合材料的团聚效应大大降低〔图 2.29(d)〕。因此,在所制备的复合材料中,TiO₂ 纳米颗粒与硅藻土形成了紧密的界面交互。从图 2.29(c)可以看出,虽然由于 F-T/DE 复合材料中 TiO₂ 颗粒的沉积,硅藻土表面明显粗糙,但圆盘状结构仍然保持良好,表明硅藻土载体具有较高的机械强度和稳定性。

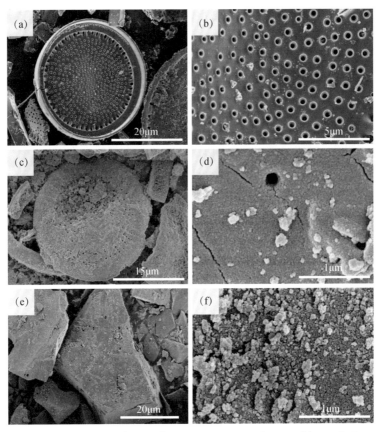

图 2.29　（a 和 b）提纯硅藻土，（c 和 d）F-T/DE-1.0%，（e 和 f）
TiO₂ 的不同放大倍数的 FESEM 图像

　　对 F-T/DE 复合材料的微观结构进行 TEM 和 HRTEM 分析。从图 2.30（a）、（b）和（c）可以看出，硅藻土具有孔径为 $0.2\sim0.4\mu m$ 的多孔结构，平均粒径为 $10\sim20nm$ 的 TiO₂ 纳米颗粒在载体表面密集而规则地分布，与 XRD 计算结果相吻合。HRTEM 图像［图 2.30（d 和 g）］清晰地显示了晶格条纹的存在，表明了 TiO₂ 和非晶相 SiO₂ 的结晶特性。图 2.30（j）是图 2.30（g）相应的快速傅里叶变换结果，表明与氟离子结合后，复合材料形成了具有（101）和（001）晶面的混合晶相。已有研究表明，大多数锐钛矿型 TiO₂ 晶体主要由热力学稳定的（101）晶面主导（根据 Wulff 结构，超过 94%），而不是反应性更强的（001）晶面，这是因为（001）晶面（0.90J/m²）的表面能远高于（101）晶面（0.44J/m²）。第一性原理计算表明氟离子可以显著地降低（001）晶面的表面能，使其低于（101）晶面的表面能。换句话说，氟离子占据表面的相对稳定性是可转换的。（001）晶面在能量上优于（101）晶面，因此，氟离子在（001）晶面暴露的过程中起着关键作用，该表面通常表现出比（101）晶面更高的光催化活性，这取决于不规则的 Ti 5c 中心和更高的表面能。在本研究中，如图 2.30 (e) 和 (f) 所示，合成了具有高百分比 (001) 晶面的均匀锐钛矿型 TiO₂，更多暴露的 (001) 晶面表明锐钛矿型 TiO₂ 的优势晶面发生了变化。此外，如图 2.30 (h) 和 (i) 所示，在 (001) 和 (101) 晶面之间产生异质结效应，这有助于提高光活性。考虑到晶体取向，平行于顶部和底部晶面的晶格间距可计算为 0.24nm，如图 2.30 (l) 所示，其对应于锐钛矿型 TiO₂ 的 (001) 晶面。另一组间距约为 0.35nm 的晶格条纹可以归于 (101) 晶面 [图 2.30 (k)]。因此，形貌分析进一步表明，氟掺杂的 TiO₂ 纳米颗粒在硅藻土表面分布均匀，氟离子成功地诱导 (001) 晶面进一步暴露，从而显著提高了复合材料的光催化活性。

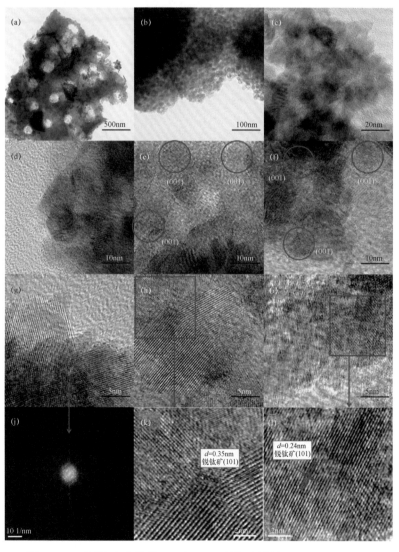

图 2.30　不同放大倍数的 F-T/DE-1.0% 复合材料 TEM 和 HRTEM
图像 (a~i, k, l)，以及 (g) 图像的 FFT (j)

通过氮气吸附-解吸等温线和 BJH 孔径分布研究样品的孔结构特性，如图 2.31 所示。如图 2.31（a）所示，F-T-1.0% 和 F-T/DE-1.0% 的等温线在 0.65～0.90 的高压范围内具有滞后行为，表明了样品中存在介孔结构。很明显，与其他对照样品相比，F-T/DE-1.0% 具有相对较高的比表面积（39.06m²/g）和最小的平均孔径（7.96nm），表明硅藻土表面的 TiO$_2$ 纳米粒子团聚程度较低。制备的具有介孔结构的复合材料能促进反应物和产物的吸附、解吸和扩散，从而有利于获得较高的光催化活性。从图 2.31（b）可以看出，合成的复合材料在 2～10nm 范围内具有较宽的孔径分布，有利于污染物分子在液体体系中的吸附。

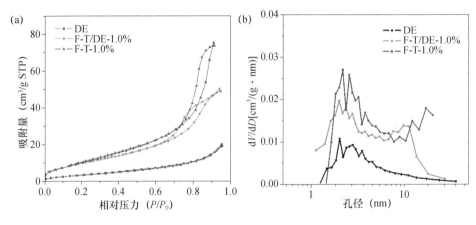

图 2.31 DE、F-T-1.0% 和 F-T/DE-1.0% 的（a）氮气吸附-解吸等温线和（b）BJH 孔径分布

合成的 F-T/DE 复合材料中（001）晶面占比越高，光催化效率越高。本研究以罗丹明 B（RhB）为目标污染物，研究了在可见光（λ＞400nm）照射下的光降解性能。图 2.32（a）显示了不同材料对 RhB 随辐照时间的浓度变化。此外，纯 TiO$_2$、硅藻土和 F-T-1.0% 也作为对照样品，在相同条件下测定。在本实验中，为了达到辐照前后的吸附解吸平衡，将暗吸附时间持续 1h。纯硅藻土在光照下 6h 的轻微波动表明样品已达到图 2.32（a）所示的吸附-解吸平衡。结果表明，与纯 TiO$_2$（0.2%）和硅藻土（7.0%）相比，所制备的 F-T/DE 复合材料的吸附容量提高了 20%～50%。这可归于协同效应以及复合材料表面富足的吸附位点。在可见光照射 6h 后，F-T/DE-1.0% 复合材料表现出更高效的光催化性能，表明了氟离子在本研究中的决定性调控作用。与纯 TiO$_2$（约 4.4%）的光催化效果不同，氟掺杂 TiO$_2$ 在氟元素存在下，光催化活性提高了约 36%。值得注意的是，F-T/DE-1.0% 复合材料的光催化效率最高（约 95%）。这表明了硅藻土在构建复合体系中的重要作用。

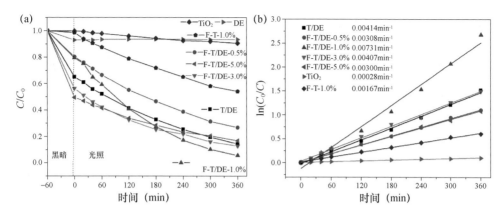

图 2.32　（a）可见光下 RhB 的光催化降解效率；（b）不同材料可见光下
降解 RhB 的准一级动力学变换曲线 ln（C_0/C）

采用 Langmuir-Hinshelwood 模型对 F-T/DE 复合材料、TiO_2 和 F-T-1.0%
的降解过程进行拟合，研究 RhB 的降解动力学。由于反应物浓度较低，因此降
解过程符合准一级动力学方程：ln（C_0/C）$=kt$。式中，C_0 是初始 RhB 浓度
（mg/L）；C 是辐照时间 t（mg/L）时的浓度；k 是准一级动力学速率常数
（min^{-1}）。所有样品的反应动力学均符合准一级速率模型［图 2.32（b）］。
F-T/DE-1.0% 复合材料的 k 值为 0.00731min^{-1}，分别比 F-T-1.0% 和纯 TiO_2 高
出近 4.4 倍和 26.1 倍。另外，与纯 TiO_2 或 F-T-1.0% 相比，其他不同氟含量的
F-T/DE 复合材料的光催化效率也明显提高，进一步表明了载体在可见光照射下
的光催化作用。载体效应主要表现在降低粒径、促进分布均匀、增强吸附能力和
提高电荷分离效率。复合材料内部的协同效应以及氟掺杂效应促进了复合材料光
催化活性的提高。

2.2.3　异质结改性纳米 TiO_2/硅藻土复合材料

（1）g-C_3N_4 改性 TiO_2/硅藻土复合材料

g-C_3N_4（CN）粉体的制备采用常用的热聚合工艺。将 10g 双氰胺放入带盖
氧化铝坩埚中，在空气中以 2.3℃/min 的速率加热至 550℃并保温 4h。然后，样
品在 500℃下进一步加热 2h，收集最终得到的黄色产物，然后研磨成粉末，作为
对比样品备用。采用溶胶凝胶法制备 g-C_3N_4/TiO_2@硅藻土复合材料。首先，将
不同质量的上述 g-C_3N_4 粉体与 1g 的硅藻土置于 14.0mL 乙醇和 1.0mL 乙酸混
合溶液中搅拌 30min 至充分分散制备成悬浮液。其次，将钛酸四丁酯
（$C_{16}H_{36}O_4Ti$，TBOT）逐滴滴入混合悬浮液，通过 TBOT 添加量控制最终
g-C_3N_4/TiO_2 异质结催化剂在复合材料中的总负载量为 30%。加入 12.0mL 乙醇

和水溶液（体积比＝1∶1），并加入 1mol/L HCl 控制 pH＝2，以中等速率水解 TBOT 合成 g-C$_3$N$_4$/TiO$_2$/硅藻土三元复合材料（CN/T@DE）。然后，将所得产物连续搅拌 12h，过滤、洗涤、干燥后，500℃空气中煅烧 2h，控制升温速率 2.5℃/min，最终得到 g-C$_3$N$_4$/TiO$_2$@硅藻土复合材料。根据 g-C$_3$N$_4$/TiO$_2$ 异质结中 g-C$_3$N$_4$ 与 TiO$_2$ 的质量比不同，分别将样品标记为 CN/T@DE-10%、CN/T@DE-20%、CN/T@DE-30%、CN/Ti@DE-40%。

图 2.33 为 g-C$_3$N$_4$/TiO$_2$@硅藻土复合材料样品及对照样品硅藻土、纯 g-C$_3$N$_4$、纯 TiO$_2$ 的 XRD 谱图。复合材料中 TiO$_2$ 的特征峰随着 g-C$_3$N$_4$ 与 TiO$_2$ 质量比的变化而基本保持不变，说明复合材料中 TiO$_2$ 的晶粒大小基本相同。根据图峰全宽度半最大值（FWHM）和 Debye-Scherrer 方程，计算了 CN/T@DE 复合材料中 TiO$_2$ 的平均晶粒尺寸（表 2.9）。由表 2.9 可知，在 CN/T@DE 复合材料中 TiO$_2$ 平均晶粒尺寸在 15nm 左右，明显小于纯 TiO$_2$ 的晶粒尺寸，说明催化剂载体的引入抑制了 TiO$_2$ 晶粒的生长。根据 BET 分析得到的比表面积、孔体积及平均孔径数据见表 2.9。由表 2.9 可知，与硅藻土相比，负载 CN/T 杂化催化剂后，复合催化剂的比表面积和孔容明显增大，这与负载后复合材料中新生孔隙有关。此外，所得的复合材料具有较高的比表面积，有利于对污染物的吸附，进而为污染物的光催化降解提供了更多的表面活性位点。

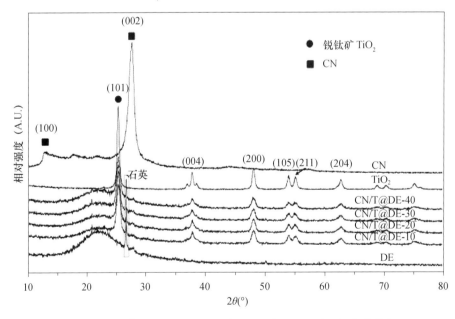

图 2.33　硅藻土、纯 g-C$_3$N$_4$、纯 TiO$_2$ 及 g-C$_3$N$_4$/TiO$_2$@硅藻土
复合材料样品的 XRD 谱图

表 2.9 硅藻土、纯 g-C_3N_4、纯 TiO_2 及 g-C_3N_4/TiO_2@硅藻土复合材料样品的
孔结构分析结果及 TiO_2 晶粒度计算结果

样品	BET 比表面积 (m^2/g)	孔体积 (cm^3/g)	平均孔径 (nm)	晶粒度 (nm)
TiO_2	80.781	0.144	7.149	21.35
CN/T@DE-10%	32.451	0.074	9.155	14.93
CN/T@DE-20%	29.556	0.074	10.067	15.72
CN/T@DE-30%	29.402	0.072	9.850	14.66
CN/T@DE-40%	30.332	0.075	9.920	14.94
CN	21.464	0.050	9.290	—
DE	19.070	0.041	8.586	—

图 2.34 为 CN/T@DE-10%样品及对照样品硅藻土、纯 g-C_3N_4、纯 TiO_2 的 SEM 图。由图 2.34（a）可知，无负载情况下的 TiO_2 纳米颗粒呈现出不规则的球形，由于纳米效应，大部分颗粒聚集在一起。从图 2.34（b）可以看出，纯 g-C_3N_4 呈现典型的层状结构并发生团聚。与硅藻土相比，负载催化剂后，硅藻表面变得粗糙。此外，与纯 TiO_2 和 CN 相比，沉积在硅藻土表面的 TiO_2 纳米粒子和 CN 纳米片的分散性明显提高［图 2.34（e）、（f）］。此外，复合材料依然保留了硅藻土表面原始的内部孔隙结构。为了更清晰地观察三元复合材料的内部微观结构，采用高分辨率透射电镜对 CN/T@DE-10%样品进行了分析，如图 2.35 所示。从图 2.35（a）中可知，在 DE 表面和孔隙中负载的 CN/T 异质结整体上呈现不规则的层状结构。从图 2.35（b）可以看出，负载上的 TiO_2 纳米粒子的粒径为 10～15nm。如图 2.35（d）所示，复合材料中 TiO_2 纳米颗粒、CN 纳米薄片和 DE 三者之间具有非常紧密的结合界面，说明 CN 与 TiO_2 形成了有效异质结结构，这有利于光生载流子的有效分离，从而具有较高的光催化效率。而且，负载的 TiO_2 纳米粒子被卷曲的 CN 纳米薄片包裹与分散，这将为污染物降解提供更多的表面活性位点，有利于进一步提升材料的光催化活性。此外，该复合材料依然保持硅藻土的三维孔道结构，有望改善对污染物的渗透性和吸附性，从而实现高效降解与低成本快速回收催化剂的目的。

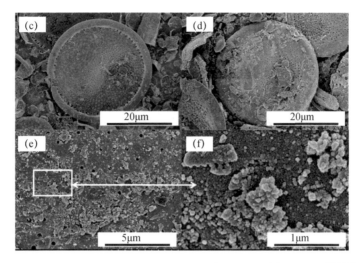

图 2.34　TiO$_2$（a）、g-C$_3$N$_4$（b）、DE（c）、CN/T@DE-10％（d～f）样品的 SEM 图

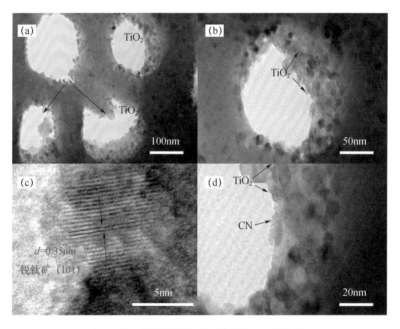

图 2.35　CN/T@DE-10％样品的 TEM 图

复合材料及对照样品对两种典型染料（罗丹明 B "RhB" 与亚甲基蓝 "MB"）在可见光及模拟太阳光下的光催化降解性能对比见图 2.36。在光照前，所有样品在暗态条件下吸附 1h，以达到吸附与解吸的平衡。从图 2.36 可以看出，纯 TiO$_2$ 对 RhB 和 MB 的吸附能力最小，这主要是由于 TiO$_2$ 纳米颗粒在悬浮液中的团聚问题。与对比样品相比，CN/T@DE 复合材料对阴离子染料 RhB

具有更优的吸附性能，这主要是由于负载催化剂后复合材料比表面积与吸附位点的增加。另一方面，复合材料对阳离子染料 MB 的吸附能力小于硅藻土。这主要是由于硅藻土在该吸附条件下带负电荷可通过静电吸引作用有效吸附带正电荷的 MB 分子，而负载 CN/T 催化剂后，硅藻土中具有静电作用的吸附位点反而减少，进而导致吸附能力有所下降。由图 2.36（a）可知，在可见光下 CN/T@DE-10％对 RhB 的降解性能最高，而对 MB 的降解性能相对较低，最优样品 CN/T@DE-40％的降解率仅为 54％。这可能是由于复合材料吸附的 MB 分子占据了光催化剂更多的活性位点，导致光接收强度下降造成光生载流子减少。此外，RhB 是一种光敏染料，利用光敏作用有利于降解反应的进行。与可见光相比，各样品在模拟太阳光下对 RhB 和 MB 的降解效果均较为理想。如图 2.36（b）和（d）所示，在模拟太阳光下，CN/T@DE-10％的复合材料对 RhB 和 MB 的降解性能最优。

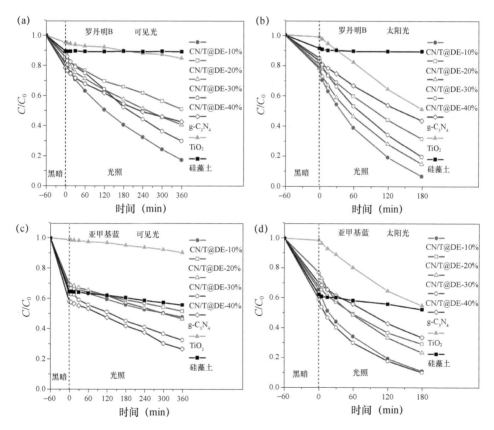

图 2.36　TiO$_2$、g-C$_3$N$_4$、DE、CN/T@DE-10％样品可见光下对罗丹明 B（a）、太阳光下对罗丹明 B（b）、可见光下对亚甲基蓝（c）、太阳光下对亚甲基蓝（d）的光催化降解曲线

可见光和太阳光下 CN/T@DE 复合材料对 RhB 和 MB 的光降解动力学分析结果见图 2.37。如图 2.37 所示，所制备的光催化剂光催化降解过程符合准一级动力学模型 $[\ln(C_0/C) = kt$。其中，k 为表观反应速率常数；C_0 和 C 分别为 RhB 和 MB 的初始浓度和瞬时浓度]。表 2.10 列出了复合材料在不同反应条件下的表观反应速率常数。由表 2.10 可知，除了可见光下降解 MB 外，CN/T@DE-10% 的反应速率常数均高于其他样品，而其在可见光下的 MB 降解速率常数略低于纯 CN。在可见光下，CN/T@DE-10% 对 RhB 的降解速率约为纯 g-C$_3$N$_4$ 的 2.5 倍，在模拟太阳光下约为纯 g-C$_3$N$_4$ 的 3.5 倍。此外，在模拟太阳光下复合材料对 RhB 的最终去除率 3h 可达 96%，在可见光下 6h 内可达 83%。此外，复合材料在太阳光下的光催化活性明显高于纯 CN 或纯 TiO$_2$。上述结果表明，引入硅藻土后，由于 g-C$_3$N$_4$/TiO$_2$ 的分散性明显提高，为染料污染物的降解提供了更多的反应活性位点。此外，硅藻土载体的引入有效抑制了 TiO$_2$ 晶粒的生长，这也有利于提高光催化活性。结合之前的材料结构分析结论，较小的 TiO$_2$ 晶粒尺寸、CN/T 异质结的成功构建以及硅藻土与催化剂的协效增强效应是复合材料光催化性能提升的关键因素。

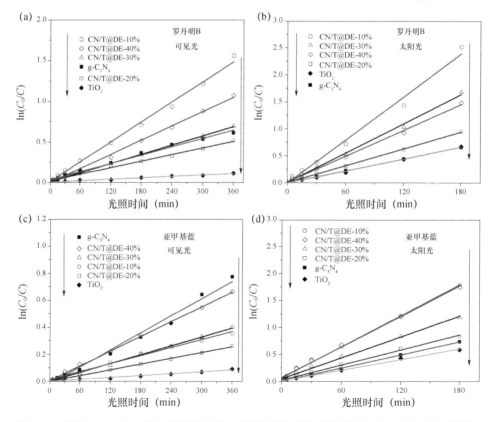

图 2.37　TiO$_2$、g-C$_3$N$_4$、DE、CN/T@DE-10% 样品可见光下对罗丹明 B (a)、太阳光下对罗丹明 B (b)、可见光下对亚甲基蓝 (c)、太阳光下对亚甲基蓝 (d) 的线性变换 $\ln(C_0/C)$ 结果

表 2.10 CN、TiO₂ 与 CN/T@DE-10%样品在不同实验条件下的表观速率常数

样品	罗丹明 B 可见光下 (min⁻¹)	罗丹明 B 太阳光下 (min⁻¹)	亚甲基蓝可见光下 (min⁻¹)	亚甲基蓝太阳光下 (min⁻¹)
CN/T@DE-10%	0.00409	0.01330	0.00098	0.00961
CN/T@DE-20%	0.00134	0.00517	0.00071	0.00947
CN/T@DE-30%	0.00189	0.00903	0.00109	0.00647
CN/T@DE-40%	0.00292	0.00797	0.00182	0.00466
CN	0.00170	0.00359	0.00210	0.00405
TiO₂	0.00030	0.00359	0.00023	0.00328

（2）BiOCl 改性 TiO₂/硅藻土复合材料

BiOCl 改性 TiO₂/硅藻土复合材料的制备工艺：以硅藻土为载体、硫酸氧钛为钛源，采用两步水解沉淀-煅烧晶化法制备纳米 BiOCl/TiO₂/硅藻土复合光催化材料。制备步骤：将一定质量提纯硅藻土与水混合，超声震荡，搅拌均匀后，加少量硫酸，随后加一定体积的 1mol/L 硫酸氧钛溶液，继续搅拌 30min，用稀氨水（体积比，氨水：水＝1：2）调 pH＝4.5，搅拌 2h，过滤、洗涤，滤饼备用。称取一定质量的 Bi(NO₃)₃·5H₂O 溶于 1mol/L HNO₃ 中，搅拌至溶解。将上述步骤中制备的滤饼加入上述溶液中，搅拌均匀，缓慢滴加 KCl 溶液，用稀氨水调 pH＝4.5～9，搅拌 2h，过滤、洗涤、干燥，样品在马弗炉中煅烧 2h，即得到纳米 BiOCl/TiO₂/硅藻土复合材料。主要考察终点 pH、煅烧温度和异质结 TiO₂/BiOCl 比例的影响。

按照上述制备方法分别制备终点 pH 为 4.5、6.0、7.5 和 9.0 的纳米 BiOCl/TiO₂/硅藻土复合材料，其他制备条件为：复合材料中 TiO₂ 与 BiOCl 的质量比为 45：55，BiOCl/TiO₂ 与硅藻土的质量比为 1：1，煅烧温度 500℃。图 2.38 为不同终点 pH 制备的纳米 BiOCl/TiO₂/硅藻土复合材料的 XRD 谱图。复合材料在 12.0°（001）、24.1°（002）、25.9°（101）、32.5°（110）和 33.4°（102）等处的衍射峰对应 BiOCl（JCPDS 06-0249）的特征峰，说明复合材料中 BiOCl 的良好结晶性。值得关注的是，当终点 pH 为 6.0 时，复合材料中 BiOCl 的 XRD 图谱中（001）晶面的强度明显强于其他晶面，而当 pH 为 4.5、7.5 或 9.0 时，（101）晶面具有更高的衍射强度，说明通过调节终点 pH 可以控制复合材料中 BiOCl 的不同晶面大小。已有研究表明，BiOCl 的（001）晶面具有较低的电子空穴复合率，这使得 BiOCl/TiO₂ 异质结具有更高的光催化效率。各样品中，在 25.3°处出现了锐钛矿 TiO₂ 的特征峰，该特征峰是锐钛矿 TiO₂ 的最强特征峰。

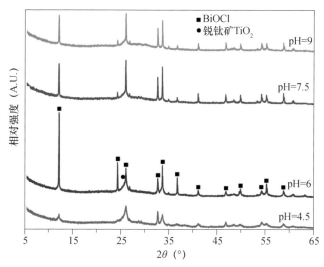

图 2.38 不同终点 pH 制备的纳米 BiOCl/TiO₂/硅藻土复合材料的 XRD 谱图

采用 Debye-Scherrer 公式分别计算复合材料中的 TiO_2 和 BiOCl 的晶粒大小。计算时，TiO_2 的特征峰取 25.3°（101），由于在不同终点 pH 下 BiOCl 具有不同的衍射峰强度，所以分别计算 BiOCl 在特征峰 12.0°（001）和 25.9°（101）处的晶粒大小。晶粒尺寸的计算结果见表 2.11。由表可知，不同终点 pH 下制备的纳米 BiOCl/TiO_2/硅藻土复合材料具有相似的 TiO_2 晶粒尺寸，在 10nm 左右。而复合材料中 BiOCl 的晶粒尺寸计算结果有较大差异。其中，当终点 pH 为 4.5 时，按照 BiOCl 的（001）和（101）晶面计算的晶粒大小分别为 21.2nm 和 15.7nm，相比其他终点 pH 下制备的复合材料，pH=4.5 时制备的具有较小的晶粒尺寸。但此时 BiOCl 衍射峰的强度明显较弱，说明此时 BiOCl 的结晶度不高，晶格中缺陷较多，这些缺陷会成为光生电子、空穴的复合中心，不利于材料的光催化性能。当终点 pH=6 时，复合材料中 BiOCl 的（001）晶面方向晶粒尺寸为 67.5nm，而（101）晶面方向晶粒尺寸为 22.0nm，说明此终点 pH 下制备的复合材料中 BiOCl 的（001）晶面占比较大，更有利于提高光催化性能。终点 pH=7.5 或 9 时制备的复合材料中 BiOCl 的（001）晶面和（101）晶面均具有较大的晶粒尺寸，说明 BiOCl 的（001）晶面占比相对于终点 pH=6 时小。因此，终点 pH=6 为复合材料制备过程中的优化终点 pH。

表 2.11 不同终点 pH 制备的复合材料的 TiO₂ 和 BiOCl 晶粒尺寸

pH	TiO₂ 晶粒 （nm）	BiOCl（001）晶粒尺寸 （nm）	BiOCl（101）晶粒尺寸 （nm）
4.5	10.2	21.2	15.7
6	9.9	67.5	22.0

续表

pH	TiO$_2$ 晶粒 (nm)	BiOCl（001）晶粒尺寸 (nm)	BiOCl（101）晶粒尺寸 (nm)
7.5	9.9	59.0	39.1
9	9.3	60.3	38.8

图 2.39 为不同终点 pH 纳米 BiOCl/TiO$_2$/硅藻土复合材料的吸脱附等温线和孔径分布曲线。复合材料的吸脱附等温线具有回滞环，说明复合材料中具有介孔结构。各复合材料的等温线相差不大，说明各复合材料的孔结构相似。表 2.12 中列出了各复合材料的比表面积、总孔体积和平均孔径数据，结果表明终点 pH 对复合材料的比表面积和孔结构性质影响不显著。

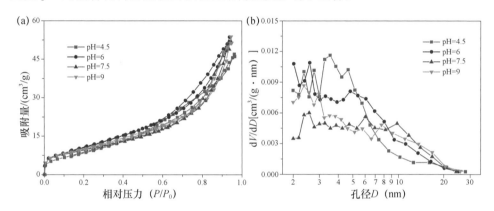

图 2.39 不同终点 pH 制备的复合材料（a）吸脱附等温线和（b）孔径分布曲线

表 2.12 不同终点 pH 制备的复合材料的比表面积和孔结构

pH	比表面积（m^2/g）	总孔体积（cm^3/g）	平均孔径（nm）
4.5	36.1	0.086	5.9
6	39.9	0.093	6.4
7.5	35.5	0.084	7.9
9	38.2	0.092	7.2

取不同终点 pH 下制备的复合材料 1.0g，均匀地涂覆在 50cm×50cm（长×宽）的玻璃板上，干燥后放入光化学反应器中，测试复合材料的可见光甲醛降解性能。实验中，甲醛初始浓度为 0.7mg/m^3，可见光光源选用 4 根额定功率为 14W 的家用荧光灯，相对湿度为 30%，光照时间为 10h。不同终点 pH 下制备的纳米 BiOCl/TiO$_2$/硅藻土复合材料对甲醛的光催化降解率如图 2.40 所示。由图 2.40 可知，终点 pH 为 6 时制备的纳米 BiOCl/TiO$_2$/硅藻土复合材料对甲醛

的降解率较大，达到 82.91％。终点 pH 过高或过低时，复合材料的甲醛降解率均较低。由上述 XRD 分析已知，终点 pH＝6 时制备的复合材料中 BiOCl 具有更多的（001）晶面，光生电子-空穴复合率低。因此，制备的复合材料具有较高的光催化性能。

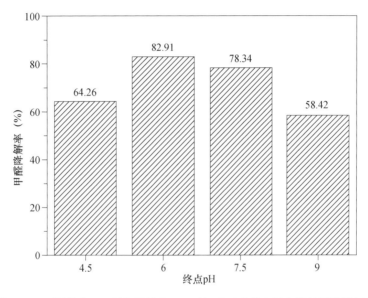

图 2.40　不同终点 pH 制备的纳米 BiOCl/TiO$_2$/硅藻土复合材料甲醛降解率

　　分别制备煅烧温度为 400℃、500℃、600℃ 和 700℃ 的纳米 BiOCl/TiO$_2$/硅藻土复合材料，其他制备条件为：复合材料中 TiO$_2$ 与 BiOCl 的质量比为 45：55，BiOCl/TiO$_2$ 与硅藻土的质量比为 1：1，终点 pH＝6。图 2.41 为不同煅烧温度制备的纳米 BiOCl/TiO$_2$/硅藻土复合材料的 XRD 谱图。由图可知，煅烧温度为 400℃ 时，TiO$_2$ 的特征峰较弱，表明此时 TiO$_2$ 结晶度低，缺陷较多，易成为电子-空穴的复合中心，不利于光催化反应的进行。随着煅烧温度的升高，TiO$_2$ 特征峰的强度逐渐增强，TiO$_2$ 结晶性越来越好，TiO$_2$ 从无定形向锐钛矿型转变，煅烧温度为 500℃ 时，TiO$_2$ 已表现出较好的结晶性，有利于光催化反应过程的进行。但是，当煅烧温度升高到 600℃ 时，出现了金红石的特征峰，表明此时部分锐钛矿型 TiO$_2$ 已经转变为金红石型 TiO$_2$。金红石型 TiO$_2$ 的光催化性能弱于锐钛矿型，复合材料中存在较多的金红石型 TiO$_2$ 不利于光催化反应。与 TiO$_2$ 晶相变化不同，BiOCl 的特征峰随着煅烧温度的升高而逐渐减弱，煅烧温度为 600℃ 时，BiOCl 的特征峰已经很弱，并有钛酸铋的晶型出现，煅烧温度为 700℃ 时，BiOCl 的特征峰完全消失，以钛酸铋的形式存在，这表明在煅烧温度较高时，硅藻土表面相互结合的 BiOCl 与 TiO$_2$ 发生反应，生成钛酸铋。

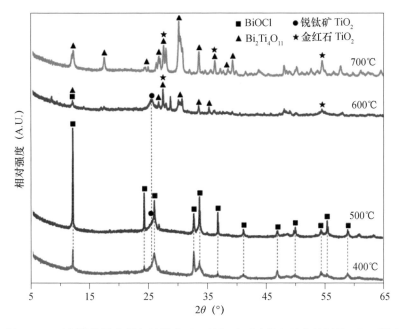

图 2.41 不同煅烧温度制备的纳米 $BiOCl/TiO_2$/硅藻土复合材料的 XRD 谱图

采用 Debye-Scherrer 公式计算复合材料中的 TiO_2 和 $BiOCl$ 的晶粒大小。计算时，TiO_2 的特征峰取 25.3°（101）（锐钛矿晶面）或 27.4°（110）（金红石晶面），$BiOCl$ 的特征峰取 12.0°（001），晶粒尺寸的计算结果见表 2.13。由表可知，随着煅烧温度的升高，TiO_2 的晶粒尺寸不断增大，500℃时复合材料中 TiO_2 的晶粒尺寸为 9.9nm（锐钛矿），而煅烧温度为 700℃时，TiO_2 的晶粒尺寸达到 30.5nm（金红石）。TiO_2 晶粒越小，电子从体相扩散到表相的时间越短，电子和空穴复合的概率越小，电荷分离效率高，使催化材料具有更高的催化活性。对于 $BiOCl$ 来讲，煅烧温度为 400℃ 时，其（001）晶面晶粒尺寸为 39.9nm，煅烧温度升高至 500℃后（001）晶面生长至 67.5nm，但此后，由于 $BiOCl$ 的原子层之间以较弱的范德华力形式结合，随着煅烧温度的升高，层与层之间易发生断裂，从而使得 $BiOCl$ 晶粒逐渐减小，$BiOCl$ 逐渐消融。

表 2.13 不同煅烧温度制备的复合材料的晶粒大小、比表面积和孔结构

煅烧温度 （℃）	TiO_2 晶粒 （nm）	$BiOCl$ 晶粒 （nm）	比表面积 （m^2/g）	总孔体积 （cm^3/g）	平均孔径 （nm）
400	—	39.9	59.1	0.129	5.8
500	9.9	67.5	39.9	0.093	6.4
600	12.1	24.0	24.9	0.063	7.4
700	30.5	—	15.7	0.032	5.2

图 2.42 为不同煅烧温度制备的纳米 BiOCl/TiO$_2$/硅藻土复合材料的吸脱附等温线和孔径分布曲线。由图可知,复合材料的吸脱附等温线具有回滞环,说明复合材料中具有介孔结构。随着煅烧温度的增加,复合材料的氮气吸附量逐渐减小,回滞环向高相对压力处移动,并逐渐减小,孔径分布曲线也表明煅烧温度升高后,介孔逐渐消失。表 2.13 中列出了不同煅烧温度纳米 BiOCl/TiO$_2$/硅藻土复合材料的比表面积、总孔体积和平均孔径数据。煅烧温度为 400℃时制备的纳米 BiOCl/TiO$_2$/硅藻土复合材料的比表面积为 59.1m^2/g,孔体积为 0.129cm^3/g。随着煅烧温度的增加,复合材料的比表面积和孔体积逐渐减小,平均孔径逐渐增大。当煅烧温度升高至 700℃时,复合材料比表面积下降到 15.7m^2/g,孔体积降为 0.032cm^3/g。复合材料较大的比表面积和孔体积,能增强对污染物的吸附,从而有利于复合材料对污染物的光催化降解。

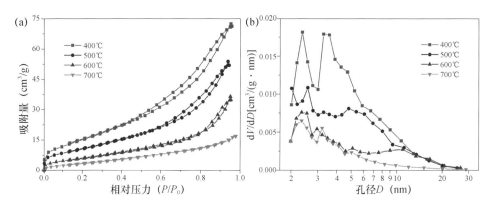

图 2.42　不同煅烧温度制备的复合材料(a)吸脱附等温线和(b)孔径分布曲线

取不同煅烧温度下制备的复合材料 1.0g,测试复合材料的可见光降解甲醛性能,实验结果如图 2.43 所示。由图可知,煅烧温度为 500℃时制备的纳米 BiOCl/TiO$_2$/硅藻土复合材料对甲醛的降解率较大(82.91%),煅烧温度过高或过低时,复合材料对甲醛的降解率都较小。煅烧温度为 500℃时,复合材料中 BiOCl 和 TiO$_2$ 的结晶性能较高,晶粒尺寸较小,比表面积和孔体积较大,有利于甲醛的光催化降解。

分别制备 TiO$_2$/BiOCl 质量比为 25/75、35/65、45/55、55/45 和 65/35 的纳米 BiOCl/TiO$_2$/硅藻土复合材料,该复合材料的煅烧温度为 500℃,BiOCl/TiO$_2$ 与硅藻土的质量比为 1:1,终点 pH=6。图 2.44 为不同异质结比例的纳米 BiOCl/TiO$_2$/硅藻土复合材料的 XRD 谱图。由图可知,具有不同异质结比例的纳米 BiOCl/TiO$_2$/硅藻土复合材料的物相组成差异较大,主要体现在 BiOCl 和 TiO$_2$ 的结晶性上。不同的 TiO$_2$/BiOCl 比例制备的复合材料具有不同强度的特征峰。当 TiO$_2$/BiOCl 质量比由 25/75 增加至 55/45 时，复合材料中 BiOCl （001）晶面特征峰逐渐增强，表明（001）晶面逐渐变大，由上面分析可以得出，较多的（001）晶面有利于复合材料的光催化性能增强。但当 TiO$_2$/BiOCl 质量比增加至 65：35 时，BiOCl 的特征峰变得很微弱，这是因为复合材料中 BiOCl 的含量减少，BiOCl 在复合材料中的分散性较好，使得复合材料 BiOCl 强度减弱。TiO$_2$ 的特征峰随着 TiO$_2$/BiOCl 比例的增加而逐渐明显。

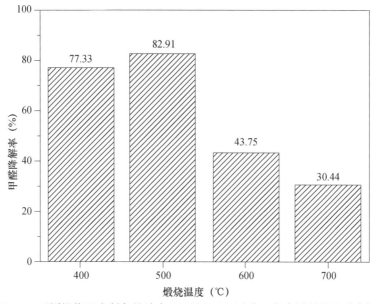

图 2.43　不同煅烧温度制备的纳米 BiOCl/TiO$_2$/硅藻土复合材料的甲醛降解率

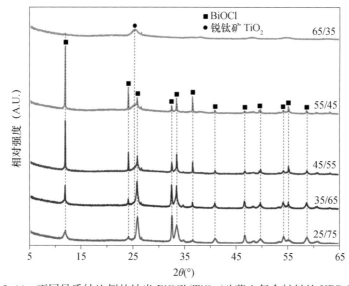

图 2.44　不同异质结比例的纳米 BiOCl/TiO$_2$/硅藻土复合材料的 XRD 谱图

采用 Debye-Scherrer 公式计算复合材料中的 TiO_2 的晶粒大小。计算时，TiO_2 的特征峰取 $25.3°$（101），$BiOCl$ 的特征峰取 $12.0°$（001），晶粒尺寸的计算结果见表 2.14。由表可知，随着 $TiO_2/BiOCl$ 比例的升高，TiO_2 的晶粒尺寸不断减小，$TiO_2/BiOCl$ 质量比为 25/75 时，复合材料中 TiO_2 的晶粒尺寸为 18.0nm，而 $TiO_2/BiOCl$ 质量比为 55/45 时，TiO_2 的晶粒尺寸达到 8.1nm。TiO_2 晶粒越小，电子从体相扩散到表相的时间越短，电子和空穴复合的概率越小，电荷分离效率高，使催化材料具有更高的催化活性。$BiOCl$（001）晶面的晶粒尺寸随着 $TiO_2/BiOCl$ 比例的增大而逐渐增大，由 $TiO_2/BiOCl$ 质量比为 25/75 时的 17.7nm 增大到 55/45 时的 74.5nm。综上可得出，当 $TiO_2/BiOCl$ 质量比 55/45 时，复合材料中的 TiO_2 具有较小的晶粒尺寸，$BiOCl$ 具有较大的（001）晶面，使得在此异质结质量比下复合材料具有较强的光催化性能。

表 2.14　不同异质结比例的复合材料的晶粒大小、比表面积和孔结构

$TiO_2/BiOCl$ 比例	TiO_2 晶粒 (nm)	$BiOCl$ 晶粒 (nm)	比表面积 (m^2/g)	总孔体积 (cm^3/g)	平均孔径 (nm)
25/75	18.0	17.7	31.5	0.083	6.9
35/65	14.9	35.0	36.3	0.097	6.7
45/55	9.9	67.5	39.9	0.093	6.4
55/45	8.1	74.5	49.3	0.109	5.7
65/35	8.8	40.7	57.6	0.128	5.7

图 2.45 是不同异质结比例的纳米 $BiOCl/TiO_2$/硅藻土复合材料的吸脱附等温线和孔径分布曲线。随着 $TiO_2/BiOCl$ 质量比的增加，即 TiO_2 含量的逐渐增多，复合材料中的介孔逐渐增多，氮气吸附量逐渐增加，表明 TiO_2 纳米颗粒是复合材料中介孔结构的引发剂。表 2.14 具体列出了各复合材料的比表面积、总孔体积和平均孔径数据。由表可知，随着 $TiO_2/BiOCl$ 质量比的增加，复合材料的比表面积和总孔体积逐渐增大。$TiO_2/BiOCl$ 质量比为 25/75 时，复合材料的比表面积为 $31.5m^2/g$，总孔体积为 $0.083cm^3/g$。当 $TiO_2/BiOCl$ 质量比为 65/35 时，复合材料的比表面积和总孔体积分别增大至 $57.6m^2/g$ 和 $0.128cm^3/g$。比表面积和总孔体积越大，复合材料吸附的甲醛越多，对甲醛的光催化降解越有利。

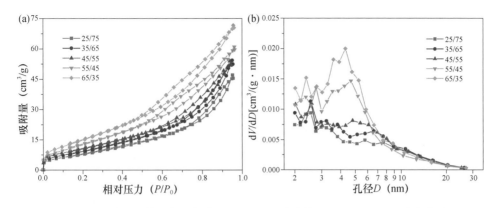

图 2.45 不同异质结比例的复合材料（a）吸脱附等温线和（b）孔径分布曲线

具有不同异质结比例的复合材料对甲醛的实验结果如图 2.46 所示，由图可知，当 $BiOCl/TiO_2$ 异质结比例为 25/75 时，复合材料对甲醛的降解率为 51.41%。随着 $TiO_2/BiOCl$ 质量比例的增大，即复合材料中 TiO_2 含量增加，$BiOCl$ 含量减少，复合材料对甲醛的降解率随之逐渐增大，当 $TiO_2/BiOCl$ 异质结比例为 55/45 时，复合材料对甲醛的降解率升至 84.14%。由图可以看出：当 $TiO_2/BiOCl$ 异质结比例为 45/55、55/45 和 65/35 时，复合材料对甲醛的降解率相差不大，为了找出较好的异质结质量比，将光照时间减少至 7h，$TiO_2/BiOCl$ 异质结比例 45/55、55/45 和 65/35 的甲醛降解率分别为 70.27%、79.45% 和 74.59%。此结果表明，复合材料较优的 $TiO_2/BiOCl$ 异质结比例为 55/45，该比例的复合材料中 TiO_2 具有较小的晶粒尺寸，$BiOCl$ 具有较大的（001）晶面，能有效地促进电子-空穴的分离，因此，具有较高的甲醛降解率。

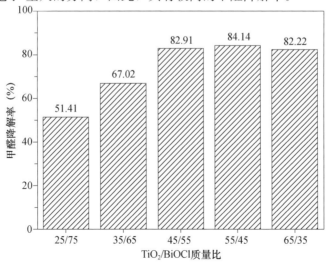

图 2.46 不同异质结比例纳米 $BiOCl/TiO_2$/硅藻土复合材料对甲醛的降解率

　　按照上述制备方法，在相同实验条件下分别制备纯 TiO_2 和 BiOCl，图 2.47 为纯 TiO_2、纯 BiOCl 和 BiOCl/TiO_2/硅藻土复合材料的 XRD 图谱。由图可知，BiOCl/TiO_2/硅藻土复合材料的 XRD 中包含了 BiOCl 和 TiO_2 的特征峰，说明复合材料中存在 BiOCl 和 TiO_2 两种物相。其中，BiOCl 衍射峰在纯 BiOCl 和 BiOCl/TiO_2/硅藻土复合材料两个样品中表现出不同的衍射强度，BiOCl 经过复合负载，其在 12.0° 处的衍射强度变大，表明 BiOCl/TiO_2/硅藻土复合材料中 BiOCl（001）晶面变大，这可能是因为复合材料中 TiO_2 和硅藻土的存在，促进了 BiOCl（001）晶面的生长。而对于 TiO_2 来讲，复合材料中 TiO_2 的衍射峰强度要稍弱于纯 TiO_2 的衍射峰，这表明，复合过程在一定程度上抑制了 TiO_2 晶粒的生长。采用 Debye-Scherrer 公式分别计算纯 TiO_2、纯 BiOCl 和 BiOCl/TiO_2/硅藻土复合材料的晶粒尺寸。计算时，TiO_2 的特征峰取 25.3°（101），BiOCl 的特征峰取 12.0°（001）。晶粒尺寸的计算结果见表 2.15。结果表明，经过负载，BiOCl/TiO_2/硅藻土复合材料中 TiO_2 的晶粒尺寸减小，BiOCl（001）晶面变大，这些都有利于复合材料光催化性能的提升。

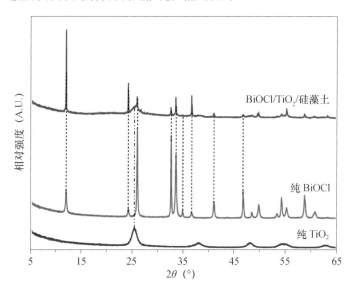

图 2.47　纯 TiO_2、纯 BiOCl 和 BiOCl/TiO_2/硅藻土复合材料的 XRD 图谱

表 2.15　纯 TiO_2、纯 BiOCl 和 BiOCl/TiO_2/硅藻土复合材料的晶粒大小、
比表面积和孔结构特性

样品	TiO_2 晶粒（nm）	BiOCl 晶粒（nm）	比表面积（m^2/g）	总孔体积（cm^3/g）	平均孔径（nm）
纯 TiO_2	9.4	—	84.3	0.106	3.6
纯 BiOCl	—	27.2	5.2	0.013	5.6
复合材料	8.1	74.5	49.3	0.109	5.7

　　图 2.48 为纯 TiO$_2$、纯 BiOCl 和 BiOCl/TiO$_2$/硅藻土复合材料的吸脱附等温线和孔径分布曲线。纯 TiO$_2$ 的吸脱附等温线为Ⅳ型等温线，并带有 H2 型回滞环，说明纯 TiO$_2$ 是介孔结构，由 TiO$_2$ 纳米颗粒密堆积形成，介孔主要集中在 3.5nm。BiOCl 具有Ⅱ型等温线，具有微弱的回滞环，是由 BiOCl 纳米片堆积形成的。BiOCl/TiO$_2$/硅藻土复合材料的等温线为Ⅳ型和Ⅱ型等温线的结合，并带有 H2 和 H3 型的重叠回滞环，此结果说明复合材料既保留有大孔结构，又增添了较多的介孔，其中，大孔来源于硅藻土载体中的大孔结构，介孔为硅藻土、TiO$_2$ 和 BiOCl 堆积形成的。表 2.15 中给出了纯 TiO$_2$、纯 BiOCl 和 BiOCl/TiO$_2$/硅藻土复合材料比表面积、总孔体积和平均孔径数据。由表可知，TiO$_2$ 和 BiOCl 在硅藻土表面的负载使得复合材料具有了多孔结构，复合材料较大的比表面积和孔体积，能增强污染物的吸附，从而有利于复合材料对污染物的光催化降解。

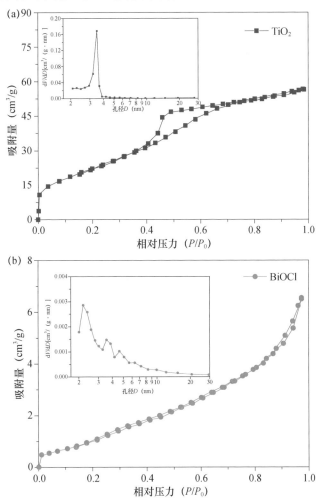

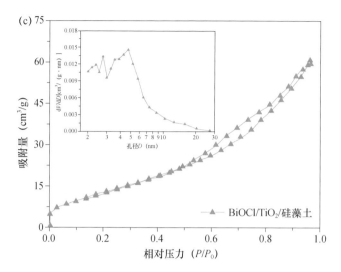

图 2.48　不同材料的吸脱附等温线和孔径分布曲线

（a）纯 TiO_2；（b）纯 BiOCl；（c）纳米 $BiOCl/TiO_2$/硅藻土

　　复合材料的 XPS 用来表征的表面化学态，结果见图 2.49。全谱图中清晰地表明复合材料中 Ti、O、Si、Bi 和 Cl 的存在。Ti 2p 在 458.68eV 和 465.08eV 处分别对应 Ti $2p_{3/2}$ 和 Ti $2p_{1/2}$。在 159.48eV 和 164.88eV 处出现了 Bi $4f_{7/2}$ 和 Bi $4f_{5/2}$ 的特征峰，表明 Bi^{3+} 是主要存在状态。对于 Cl 2p，在 198.13eV 和 199.55eV 处分别对应 Cl $2p_{3/2}$ 和 Cl $2p_{1/2}$。在 O 1s 的特征谱中，可被分为 4 个峰，分别对应 $[Bi_2O_2]^{2+}$（529.96eV）、Ti—O—Ti（531.46eV）、表面 OH（532.55eV）和 Si—O—Si（533.37eV），通过计算峰面积，$[Bi_2O_2]^{2+}$ 和 Ti—O—Ti 的峰面积之和与 Si-O-Si 的峰面积比例为 1.09∶1，与 $BiOCl/TiO_2$ 和硅藻土的质量比为 1∶1 接近。Si 2p 在 103.78eV 处的峰对应着硅藻土中的非晶质 SiO_2。

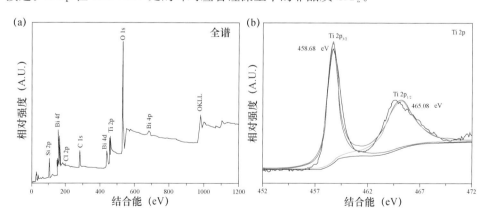

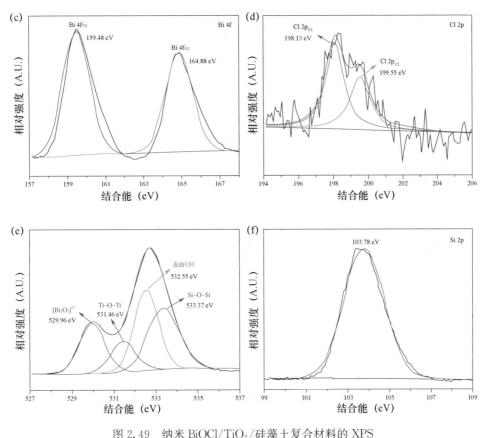

图 2.49 纳米 BiOCl/TiO₂/硅藻土复合材料的 XPS

(a) 全谱图；(b) Ti 2p；(c) Bi 4f；(d) Cl 2p；(e) O 1s；(f) Si 2p

图 2.50 为纯 TiO₂、纯 BiOCl 和纳米 BiOCl/TiO₂/硅藻土复合材料的扫描电镜图。由图可知，采用水解沉淀法制备的纯 TiO₂，团聚严重，呈块状形貌，这使得 TiO₂ 在光照条件下，只有表面 TiO₂ 被光激发，对光的利用率大大降低。纯 BiOCl 为片状结构，与 TiO₂ 类似，片状 BiOCl 包裹在一起，团聚严重。纳米 BiOCl/TiO₂/硅藻土复合材料的微观形貌图表明，以硅藻土作为载体，将 BiOCl 和 TiO₂ 负载在硅藻土表面，不仅一定程度上抑制了纳米 TiO₂ 和 BiOCl 的团聚，而且 TiO₂ 和 BiOCl 能够更多地获得光照，使其得到充分利用。硅藻土负载纳米 BiOCl 和 TiO₂ 后表面变得粗糙，表明复合材料中形成多孔结构，使得复合材料更易于吸附甲醛，进而对光催化过程有利。此外，在复合材料中，TiO₂ 和 BiOCl 发生接触，形成 BiOCl/TiO₂ 异质结，促进了光激发后产生的电子-空穴对的分离，提高了光催化效率。

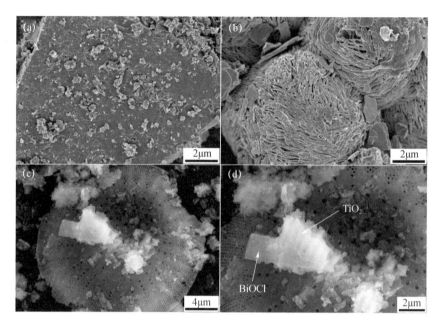

图 2.50　（a）纯 TiO_2、（b）纯 BiOCl 及（c、d）纳米 $BiOCl/TiO_2$/硅藻土的扫描电镜图

　　图 2.51 为图 2.50（c）的面扫描能谱图，可以看出复合材料中 Si、Ti、O、Bi 元素的存在，且各元素分布较为均匀，证明了复合材料由硅藻土、BiOCl 和 TiO_2 组成。

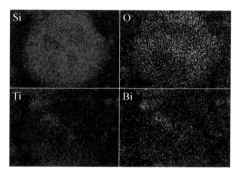

图 2.51　纳米 $BiOCl/TiO_2$/硅藻土复合材料的能谱图

　　为了研究各复合材料的吸光性能，采用分光光度计测试材料的固体紫外可见吸收光谱，并计算各材料的禁带宽度。计算禁带宽度时，采用下式：

$$F(R)h\nu = A(h\nu - E_g)^2 \tag{2.3}$$

式中，h 为普朗克常数（$6.63 \times 10^{-34} J \cdot s$），$\nu$ 为频率（s^{-1}），$h\nu = hc/\lambda$，c 为光速（$3 \times 10^8 m/s$），A 为常数，E_g 为禁带宽度，$F(R) = (1-R)^2/2R$，$R = 1/10^A$，A 为吸光度值。其结果见图 2.52。由图得出，纯 BiOCl 和纯 TiO_2 的禁

带宽度分别为 3.02eV 和 2.96eV，而纳米 $BiOCl/TiO_2$/硅藻土复合材料的禁带宽度为 2.91eV，小于纯 TiO_2 和 BiOCl 的禁带宽度。这表明，复合材料对可见光具有一定的吸光性能。

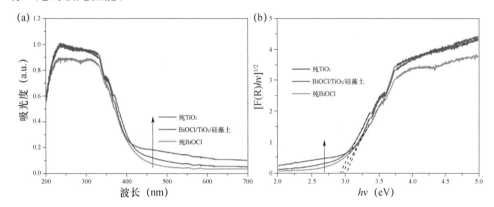

图 2.52　纯 TiO_2、BiOCl 和 $BiOCl/TiO_2$/硅藻土复合材料
（a）固体紫外可见吸收光谱和（b）禁带宽度直线外推法

为了研究复合材料中光生电子-空穴的复合效率，采用荧光分光光度计测试 BiOCl/硅藻土、TiO_2/硅藻土 和 $BiOCl/TiO_2$/硅藻土的光致发光光谱。材料的光谱强度越弱，表明其电子-空穴分离效率越好。结果如图 2.53 所示，$BiOCl/TiO_2$/硅藻土的光致发光光谱强度明显小于 BiOCl/硅藻土 和 TiO_2/硅藻土，表明 $BiOCl/TiO_2$ 异质结的形成有效促进了光生电子-空穴的分离，从而有利于光催化效率。

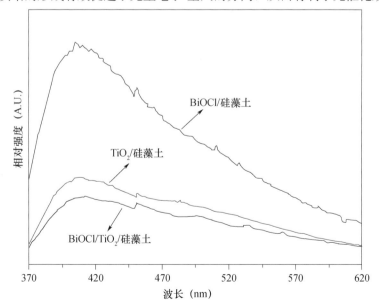

图 2.53　TiO_2/硅藻土、BiOCl/硅藻土 和 $BiOCl/TiO_2$/硅藻土的光致发光光谱图

在相同实验下测试得到纯 TiO_2 和纯 BiOCl 在可见光下对甲醛的降解率分别为 44.80% 和 0.23%，明显小于复合材料的光催化对甲醛的降解率 84.14%，说明通过构建 $BiOCl/TiO_2$ 异质结，显著增强了复合材料的可见光催化性能。

为了研究复合材料对降解甲醛过程中，甲醛气体和生成 CO_2 气体浓度的变化规律，采用光声光谱仪测试了复合材料在模拟太阳光下对甲醛气体的降解过程，如图 2.54 所示。向反应舱中注入甲醛，当复合材料对甲醛达到吸附饱和后，开始光照，甲醛浓度快速下降，而相应的 CO_2 浓度快速上升，说明在太阳光下复合材料受激发产生强氧化性自由基分解甲醛，甲醛反应生成 CO_2，待反应器中甲醛接近完全降解时，甲醛浓度趋于零，CO_2 浓度也趋于稳定。该实验表明，纳米 $BiOCl/TiO_2$/硅藻土复合材料能够将甲醛完全分解为 CO_2，该复合材料在太阳光下具有优异的甲醛降解性能。

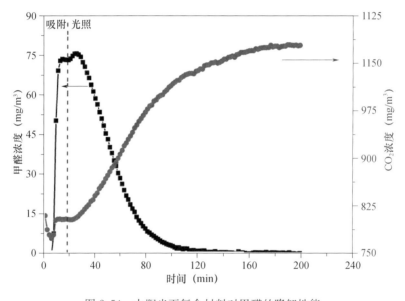

图 2.54   太阳光下复合材料对甲醛的降解性能

为了考察复合材料在可见光下对甲醛的降解，采用 420nm 滤光片将太阳光中波长小于 420nm 的光滤掉，图 2.55 即为可见光下复合材料降解甲醛过程。可以看出，与太阳光下类似，开灯后甲醛浓度开始下降，同时 CO_2 浓度开始上升，与太阳光下不同的是甲醛浓度下降速率和 CO_2 浓度上升速率较缓慢。这是因为图 2.54 中的太阳光中包含了一部分小于 420nm 的（紫外）光，这部分光更易于激发复合材料降解甲醛。而图 2.55 中所使用的为全部大于 420nm 的可见光，对甲醛的降解速率相比太阳光较为缓慢。根据 CO_2 的浓度变化可以得出甲醛在不断分解为 CO_2，从而证明了该复合材料在大于 420nm 的可见光下依然具有光催化性能。

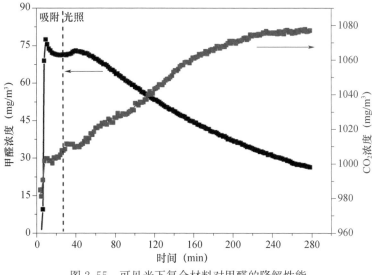

图 2.55　可见光下复合材料对甲醛的降解性能

图 2.56 为所制备的纳米 $BiOCl/TiO_2$/硅藻土复合材料在可见光下降解甲醛的机理图。由于 TiO_2 和 $BiOCl$ 之间异质结的存在和能带电势的差异，TiO_2 导带（CB）中的电子可以转移到 $BiOCl$ 的导带中。类似地，$BiOCl$ 的价带（VB）中的空穴可以转移到 TiO_2 的价带中。这些电子和空穴在半导体之间的转移抑制了空穴和电子的快速复合。氧气与光生电子结合生成超氧自由基，空穴与水结合生成羟基自由基。在降解甲醛过程中，具有强吸附能力的复合材料在催化剂表面附近吸附传输甲醛分子，使得甲醛分子可以立即与光照后产生的强氧化性自由基反应，甲醛因此被最终降解为二氧化碳和水。

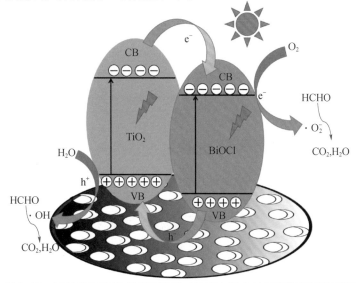

图 2.56　可见光下纳米 $BiOCl/TiO_2$/硅藻土复合材料降解甲醛机理图

3 沸石及膨胀珍珠岩负载型光催化复合材料

3.1 沸石

沸石是由铝硅酸盐组成的各种架状硅酸盐矿物的总称，由硅氧四面体和铝氧四面体组成。不同产地和成因的沸石成分和结构各不相同，最常见的天然沸石有斜发沸石、钙沸石、方沸石、丝光沸石、辉沸石等。

斜发沸石的化学式为 $Na(AlSi_5O_{12}) \cdot 4H_2O$，单斜晶系，晶体系数为：$a = 7.41 \text{Å}$，$b = 17.89 \text{Å}$，$c = 15.85 \text{Å}$。晶体呈片状或板状，集合体呈放射状、毛发状。白色或无色，玻璃光泽，莫氏硬度 $3.5 \sim 4$，相对密度 2.16。其产于火山岩气孔中，也可以是火山碎屑、火山熔岩的蚀变产物。斜发沸石加热脱水后无变形，结构比较稳定，是很好的天然分子筛材料。天然斜发沸石具有合适的孔径和开放的骨架结构。其结构中部分 Si 被 Al 取代后，过剩的负电荷一般由碱金属或碱土金属离子所补偿，而这些阳离子和硅铝格架结合相当弱，具备阳离子交换性。

天然沸石作为催化剂载体，一方面可以提高纳米尺度光催化剂的分散性与稳定性，另一方面可以发挥矿物吸附富集污染物与提高催化剂受光面积的作用，从而提高催化材料实际使用效能。本章主要介绍以斜发沸石及辉沸石为载体的沸石基光催化复合材料。

3.2 纳米 TiO_2/沸石复合材料的制备、结构与性能

3.2.1 纳米 TiO_2/斜发沸石复合材料

以四氯化钛为前驱体，采用均匀沉淀法制备纳米 TiO_2/斜发沸石复合材料的主要工艺环节包括水合纳米 TiO_2 颗粒在斜发沸石片表面的沉淀负载和负载之后的复合粉体材料的煅烧晶化。其具体制备工艺流程如图 3.1 所示：称取一定量酸处理斜发沸石，加入 150mL 蒸馏水，充分超声搅拌混合之后加入一定体积的 1mol/L 硫酸氧钛溶液，搅拌 10min 之后加入一定量尿素，充分混合之后，将盛

有混合液的烧杯置于水浴锅中，一定温度水浴加热 2h。待反应完毕后将产物洗涤至 pH＝7，置于烘箱中 105℃烘干 24h，研磨后放入马弗炉中一定温度煅烧分散得到纳米 TiO$_2$/斜发沸石复合材料。

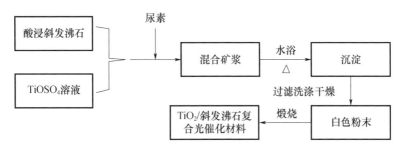

图 3.1　TiO$_2$/斜发沸石复合材料制备工艺流程图

在制备过程中，影响复合光催化材料结构与性能的主要工艺因素有水解反应温度、TiO$_2$ 负载量、TiO$_2$ 与尿素摩尔比、煅烧温度等。TiO$_2$ 的负载量对复合材料的结构以及性能有直接的影响。随着负载量增加，复合材料表面二氧化钛颗粒增加，与光子的接触面积增加，光催化效率提升。负载量过大时，二氧化钛的分散性变差，载体表面的纳米颗粒发生堆积并团聚，受光面积变小，光催化效率降低。在制备过程中通过改变硫酸氧钛加入量来控制理论 TiO$_2$ 负载量，以求得到优化负载量。

TiO$_2$ 与尿素摩尔比决定矿浆中的尿素浓度，尿素分解时产生的氨提高体系 pH 值，尿素量增加时体系 pH 值提高，硫酸氧钛分子与氨接触概率增大，沉淀更加完全。当摩尔比太高时，加入的尿素量过多，沉淀反应过快，载体表面的水合氧化钛产生堆积，复合材料的光催化效率降低。在制备过程中采取改变尿素的加入量来控制沉淀反应的进行，以求得到一个优化摩尔比。

水解温度的高低决定了尿素的分解速度以及程度，同时也决定了硫酸氧钛的水解速度。水解反应温度低时，尿素无法分解，或分解速度缓慢，导致硫酸氧钛无法充分反应，导致实际负载量的降低。水解反应温度过高时，尿素分解速度过快，导致了矿浆中氨的浓度过高，使得水合氧化钛发生团聚，影响复合材料的光催化性能。在制备过程中改变反应的水浴温度，从而控制水解反应温度，以得到一个优化水解反应温度。

煅烧温度决定所负载二氧化钛的晶型和结晶程度，而二氧化钛的晶型以及结晶程度决定了它的光催化能力。煅烧温度过低时，水合氧化钛无法结晶转变为锐钛矿相，而当煅烧温度过高时，二氧化钛晶型发生改变，部分二氧化钛晶型转化为金红石相，导致其光催化性能降低，纳米二氧化钛颗粒受热团聚，光催化性能下降。所以一个合适的煅烧温度对于复合材料的光催化性能有显著影响。在制备过程中通过改变煅烧保温温度以控制煅烧温度，以求得到一个优化煅烧温度。

从图 3.2 以及表 3.1 可以看出，不同煅烧温度所得复合材料的光催化测试过程均符合准一级动力学过程，从反应速率常数可得，在煅烧温度从 450℃提高到 850℃时，复合材料的光催化性能先提高后降低，在煅烧温度为 650℃时煅烧温度最佳。煅烧温度从 450℃升高到 550℃时，光催化性能急剧增加，再次增加到 650℃时，光催化性能小幅增加，超过 650℃后，光催化性能急剧下降。

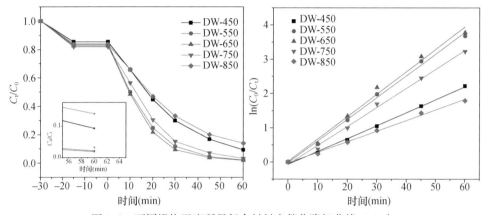

图 3.2 不同煅烧温度所得复合材料光催化降解曲线（a）与
光催化降解反应动力学曲线（b）

表 3.1 不同煅烧温度复合材料降解罗丹明 B 的反应动力学参数

样品名称	表观速率常数 k_{app}（$\min^{-1}$）	R^2
DW-450	0.03770	0.99682
DW-550	0.06339	0.99478
DW-650	0.06545	0.98837
DW-750	0.05548	0.99504
DW-850	0.03096	0.99541

图 3.3 是不同煅烧温度条件下制得的光催化材料的 XRD 图。当煅烧温度为 450℃时，图中出现了较弱的锐钛矿相 TiO_2 特征衍射峰；随着煅烧温度的增加，特征衍射峰逐渐变得尖锐，相对强度增加，这说明 TiO_2 的结晶度不断提高。由 Dedye-Scherrer 计算可知复合材料中纳米 TiO_2 晶体的平均晶粒尺寸由 8.2nm（450℃）增加至 37.4nm（850℃）。结合光催化降解测试，对煅烧温度与所制备复合材料光催化性能之间的关系进行分析。当煅烧温度为 450℃时，酸处理斜发沸石表面沉淀的 $TiO(OH)_2$ 脱水晶化程度低；当煅烧温度提升到 650℃时，锐钛矿相 TiO_2 的结晶度逐渐提高，并且此时晶粒尺寸较小；当煅烧温度进一步提升至 650℃以上时，TiO_2 晶粒大小急剧增加，造成复合材料光催化性能大幅降低。

综上，煅烧温度为 650℃时，所得复合材料光催化性能最优。

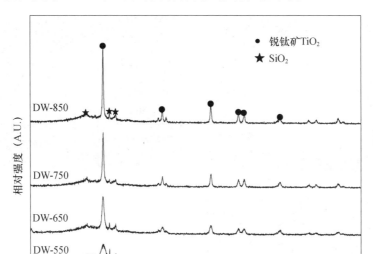

图 3.3　不同煅烧温度条件下制备的复合材料 XRD 图谱

图 3.4 为优化条件下所制得的纳米 TiO_2/斜发沸石复合材料以及酸处理斜发沸石原料的 SEM 图。从图中可以看出，斜发沸石酸处理之后，依然保持了斜发沸石的片层状结构，并且出现了细小的碎片；负载纳米 TiO_2 后，沸石颗粒表面变得粗糙，可见颗粒分布在沸石表面。此外，选择一个完整复合材料颗粒进行 EDS 面扫，测试结果见图 3.5。可知，原料斜发沸石中没有 Ti 元素的存在，负载后 Ti 元素均匀分布在沸石表面，表明 TiO_2 粒子较为均匀地负载在了酸处理斜发沸石表面。

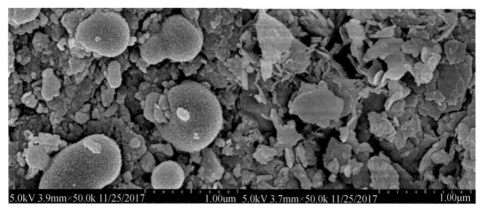

图 3.4　纳米 TiO_2/斜发沸石复合材料（左）、酸处理斜发沸石（右）的 SEM 图

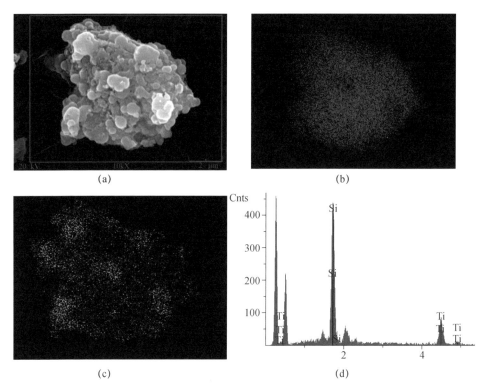

图 3.5　纳米 TiO$_2$/斜发沸石复合材料的 SEM 图（a）、
Si 元素分布图（b）、Ti 元素分布图（c）、EDS 成分分析（d）

本实验通过低温氮吸附法对载体酸处理斜发沸石以及优化工艺所制得纳米 TiO$_2$/斜发沸石复合材料孔体积、孔径结构以及比表面积进行测试分析，分析结果见表 3.2。从图 3.6 中可以看出，纳米 TiO$_2$/斜发沸石复合材料的吸附曲线整体高于酸处理斜发沸石的吸附曲线，这说明复合材料的吸附能力强于酸处理的斜发沸石，两者的吸附曲线分别呈现出Ⅳ型与Ⅲ型等温线，说明酸处理斜发沸石孔隙主要由大孔组成，大部分吸附发生在表面上，形成多分子层吸附，所以没有明显的拐点 B 出现。复合材料由于纳米 TiO$_2$ 颗粒的负载在表面产生了大量的介孔，吸附质发生毛细凝聚现象，使得吸脱附曲线相交但不重合，出现了明显的滞后现象，呈现出 H3 型回滞环。说明 TiO$_2$ 的负载提高了复合材料的吸附性能，使得在光催化反应中污染物分子可以更容易与 TiO$_2$ 颗粒接触，提高了复合材料的光催化性能。

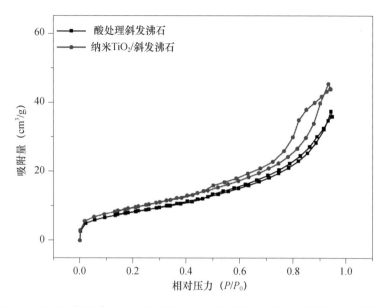

图 3.6　酸处理斜发沸石和纳米 TiO_2/斜发沸石复合材料的氮吸附-脱附等温线

表 3.2　酸处理斜发沸石和纳米 TiO_2/斜发沸石复合材料的比表面积、孔隙结构数据

材料	比表面积（m^2/g）	孔体积（cm^3/g）	平均孔径（nm）
酸处理斜发沸石	30.606	0.058	7.564
纳米 TiO_2/斜发沸石	35.488	0.070	7.914

3.2.2　BiOCl/TiO_2/斜发沸石复合材料

采用多次均匀沉淀结合煅烧晶化法制备 BiOCl/TiO_2/斜发沸石复合材料，具体制备步骤如下：称取一定量酸处理斜发沸石，加入 150mL 蒸馏水，充分超声搅拌混合之后加入一定体积的 1mol/L 硫酸氧钛溶液，搅拌 10min 之后加入一定量尿素，充分混合之后，将盛有混合液的烧杯置于水浴锅中，一定温度水浴加热 2h。待反应完毕后将产物洗涤至 pH=7，得到 TiO_2/斜发沸石前驱体。称取一定量 Bi（NO_3）$_3$·$5H_2O$（质量由理论 BiOCl 负载量确定），溶解在 100mL 蒸馏水中，将 TiO_2/斜发沸石前驱体加入溶液中，超声后搅拌 30min，称取一定量的 NaCl［与 Bi（NO_3）$_3$·$5H_2O$ 摩尔比为 1.5：1］溶解在 50mL 蒸馏水中，使用蠕动泵以 2mL/min 的速度滴入矿浆之中，滴加完毕之后充分搅拌，加入相应摩尔比的尿素，搅拌 10min 后放入水浴锅中水解反应 2h，抽滤洗涤至 pH=7，105℃ 烘干 24h。将烘干后的样品研磨后置于马弗炉中一定温度煅烧 2h，得到 TiO_2/BiOCl/斜发沸石复合材料。根据煅烧晶化的温度不同所制备的 TiO_2/BiOCl/斜发沸石复合材料分别被命名为 BTC-x，其中 x 代表煅烧晶化过程的温度为 300、

400、500、600、700℃。TiO$_2$、BiOCl、TiO$_2$/斜发沸石、BiOCl/斜发沸石等催化剂使用相同的方法进行制备。

图 3.7 是 BiOCl/TiO$_2$/斜发沸石、TiO$_2$、BiOCl、TiO$_2$/斜发沸石、BiOCl/斜发沸石以及酸处理斜发沸石的 X 射线衍射图。从图中可以看到，酸处理过后，斜发沸石原有的结构被破坏，原有的衍射峰消失，在 28.53°出现了代表石英的特征峰。TiO$_2$/斜发沸石复合材料在 25.42°、37.91°以及 48.19°出现了代表着锐钛型 TiO$_2$ (101)、(004)、(200) 晶面的特征峰 (JCPDS 21-1272)。BiOCl/斜发沸石复合材料则在 11.98°、24.10°、25.86°、32.49°和 33.44°出现了代表 BiOCl (001)、(002)、(101)、(110) 和 (102) 的特征峰 (JCPDS 33-1404)。而 BiOCl/TiO$_2$/斜发沸石复合材料在 11.98°、24.10°、25.86°、32.49°、33.44°以及 25.42°、48.19°分别出现了代表 BiOCl 以及锐钛型 TiO$_2$ 的特征峰，这表明 BiOCl 与 TiO$_2$ 成功的负载在斜发沸石片层上。图 3.8 是不同煅烧温度下所得 BiOCl/TiO$_2$/斜发沸石复合材料的 X 射线衍射图。从图中可以看出，当煅烧温度低于 500℃时，出现了代表 BiOCl 的特征峰，仅在 25.84°出现代表 TiO$_2$ 的衍射峰。当温度在 600～700℃时，代表 BiOCl 的衍射峰消失，代表石英以及锐钛型 TiO$_2$ 的衍射峰显露，同时出现了代表 Bi$_2$O$_3$ 的特征峰，这表明 BiOCl 在高温下分解为气态的 Bi$_x$O$_y$Cl$_z$ 以及固态的 Bi$_2$O$_3$。这说明，当煅烧温度过低时 TiO$_2$ 无法完全结晶，无法形成异质结构，而煅烧温度过高时 BiOCl 会受热分解，异质结构被破坏。

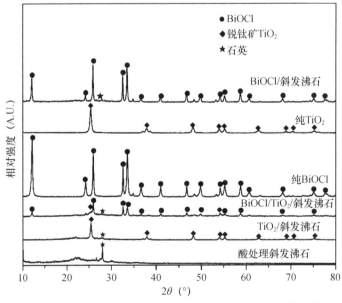

图 3.7　TiO$_2$、BiOCl、BiOCl/TiO$_2$/斜发沸石、TiO$_2$/斜发沸石、
BiOCl/斜发沸石以及酸处理斜发沸石的 XRD 图

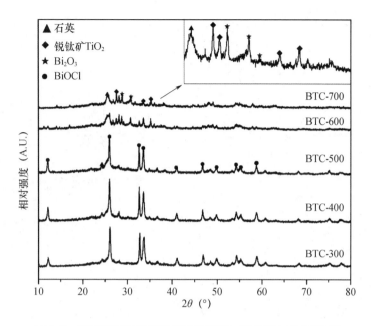

图 3.8　不同煅烧温度所得 $BiOCl/TiO_2/$斜发沸石的 XRD 图

图 3.9 是 $BiOCl/TiO_2/$斜发沸石、$TiO_2/$斜发沸石、$BiOCl/$斜发沸石以及酸处理斜发沸石的扫描电镜照片（SEM）以及 $BiOCl/TiO_2/$斜发沸石的元素分布图（EDS 元素面扫）。从图 3.9（a）中可以看出，斜发沸石具有规律的片层结构，并且具有光滑平整的表面，平均尺寸为 $100\sim500nm$，外部呈现一定的卷曲。与酸处理斜发沸石有明显的不同，$TiO_2/$斜发沸石的照片中出现了圆球状的颗粒，均匀地分布在斜发沸石片的表面，这说明 TiO_2 颗粒成功地负载在了斜发沸石的表面。但是，图中的 TiO_2 颗粒呈现出较大的球形，这表明在 $TiO_2/$斜发沸石中 TiO_2 颗粒出现了一定程度上的团聚与堆积。在 $BiOCl/$斜发沸石中［图 3.9（c）］，$BiOCl$ 纳米片均匀地分布在斜发沸石片上，两者形成堆叠结构。$BiOCl/TiO_2/$斜发沸石则不同，通过多次均匀沉淀法，二氧化钛前驱体均匀地分布于斜发沸石表面，而 $BiOCl$ 纳米片则在这些颗粒上成型。煅烧晶化后，二氧化钛转变为锐钛矿型 TiO_2 颗粒，从而形成"片-颗粒-片"的三明治型夹层结构，从而构建了具有优秀分散性的异质结构。元素分布图［图 3.9（e）］表明在 $BiOCl/TiO_2/$斜发沸石中，Ti、Bi、O 元素均匀分布，TiO_2 颗粒与 $BiOCl$ 纳米片之间充分接触形成异质结构，有效地提高了复合材料的光催化性能。

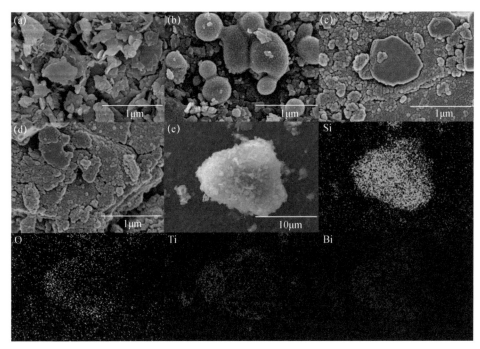

图 3.9　(a) 酸处理斜发沸石，(b) TiO₂/斜发沸石，(c) BiOCl/斜发沸石，
(d) BiOCl/TiO₂/斜发沸石的 SEM 图；(e) BiOCl/TiO₂/斜发沸石
的 Si、O、Ti、Bi 元素分布图

图 3.10 是 BiOCl/斜发沸石与 BiOCl/TiO₂/斜发沸石的透射电镜照片（TEM）以及高分辨率透射电镜照片（HRTEM）。从图 3.10（a）～（b）可以看出，在 BiOCl/斜发沸石中，黑色片状部分为 BiOCl 纳米片，亮色部分为斜发沸石片，两者紧密结合，形成堆叠结构。而 BiOCl/TiO₂/斜发沸石的透射电镜照片［图 3.10（c）～（d）、（e）～（g）］则显示出黑色的 TiO₂ 颗粒以及 BiOCl 纳米片均匀地分布于斜发沸石片上。图 3.10（f）、（h）是 BiOCl/TiO₂/斜发沸石的高分辨率透射电镜照片，其中出现了代表 TiO₂（101）和 BiOCl（002）、（200）、（101）的晶格线。这说明 BiOCl 与 TiO₂ 相互结合形成了异质结结构，从而提高了复合材料的光催化性能。

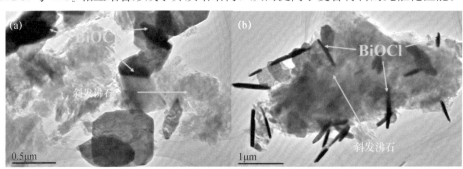

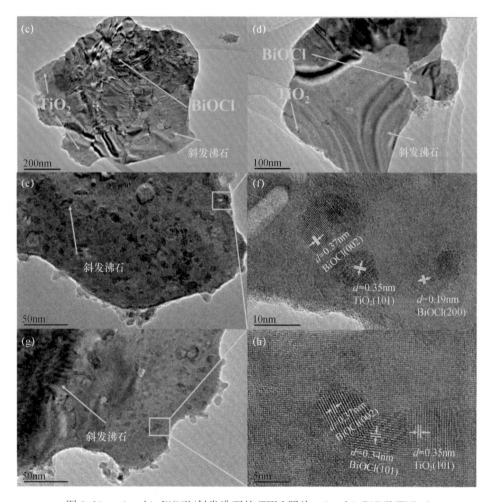

图 3.10　（a～b）BiOCl/斜发沸石的 TEM 照片，（c～h）BiOCl/TiO₂/
斜发沸石的 TEM 与 HRTEM 照片

BiOCl/TiO₂/斜发沸石、TiO₂/斜发沸石、BiOCl/斜发沸石以及酸处理斜发沸石的 BET 比表面积、孔体积以及孔径分布情况见图 3.11 以及表 3.3。结果表明，所得样品中 BiOCl/TiO₂/斜发沸石具有最大的比表面积、孔体积以及最小的平均孔径。较大的比表面积使得催化剂与污染物分子接触概率增加，较大孔体积则使得催化剂具有更好的吸附性能，这使得复合材料的光催化性能有所提高。图 3.11（a）中复合材料样品的氮气吸脱附曲线均符合Ⅲ型特征曲线，H3 型回滞环，代表着样品均为片层状介孔结构。而酸处理斜发沸石则为Ⅱ型特征曲线，这表明其为无孔或大孔结构。图 3.11（b）是以上样品的孔径分布情况，其中 BiOCl/TiO₂/斜发沸石的起点高于其他样品，这表明 BiOCl/TiO₂/斜发沸石含有更多的微孔，并且 BiOCl/TiO$_2$/斜发沸石的介孔数量明显高于其他样品，这使得其具有更好的吸附性能，进一步提高其光催化性能。

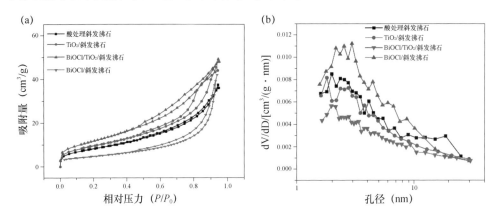

图 3.11　酸处理斜发沸石、BiOCl/斜发沸石、TiO$_2$/斜发沸石、BiOCl/TiO$_2$/斜发沸石的
（a）氮气吸脱附曲线、（b）BJH 孔径分布曲线

表 3.3　样品的比表面积与孔径结构数据

样品	BET 比表面积（m^2/g）	孔体积（cm^3/g）	平均孔径（nm）
酸浸斜发沸石	30.606	0.058	7.564
TiO$_2$/斜发沸石	35.488	0.070	7.914
BiOCl/斜发沸石	20.636	0.066	6.720
BiOCl/TiO$_2$/斜发沸石	43.934	0.076	6.162

　　X 射线光电子能谱被用于检测 BiOCl/TiO$_2$/斜发沸石的表面化学状态。从全谱［图 3.12（a）］中可以看出，BiOCl/TiO$_2$/斜发沸石中具有 Si、Bi、O、Ti、Cl 以及 C 元素，其中 C 元素由于测试过程中的污染所引入。图 3.12（b）中位于458.38eV 和 465.68eV 的特征峰代表着 TiO$_2$ 中的 Ti 2p$_{3/2}$ 和 Ti 2p$_{1/2}$。460.08eV 的峰代表 Ti—N 键，是由于尿素作为沉淀剂而产生的 N 掺杂。159.68eV 与 164.98eV 的特征峰代表着 Bi 4f$_{5/2}$ 和 Bi 4f$_{7/2}$，同时在较高电子能处出现了两个代表着 Bi^0 的小峰，这是反应中被完全还原的部分 Bi 元素。图 3.12（d）中，103.88eV 出现了代表着 Si—O 键的特征峰。在 O 元素的图谱中［图 3.12（e）］，529.58eV 的峰代表着 BiOCl 中的 Bi—O 键，530.38eV 的峰代表着 TiO$_2$ 中的 Ti—O—Ti 键，533eV 的峰代表着沸石片层中的 Si—O—Si 键，并且在 532.38eV 出现了代表着吸附水中—OH 的特征峰。对于 Cl 元素，198.28eV 和 199.78eV 出现了代表着 BiOCl 中 Cl 2p$_{1/2}$ 和 Cl 2p$_{3/2}$ 的特征峰。以上结果说明在 BiOCl/TiO$_2$/斜发沸石中 BiOCl 以及 TiO$_2$ 以稳定的化学态相结合，成功地构建了复合体系。

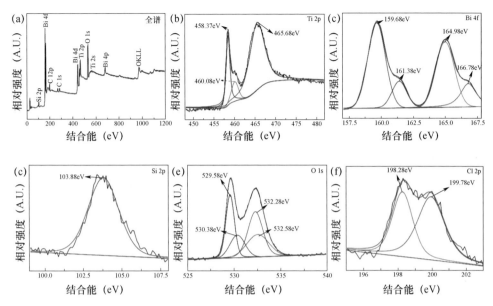

图 3.12 BiOCl/TiO₂/斜发沸石的全元素谱 (a)、Ti 2p (b)、Bi 4f (c)、
Si 2p (d)、O 1s (e)、Cl 2p (f)

为了检测光生载流子的分离效率，采用光电流和阻抗谱 (EIS) 表征了样品的电化学性质，结果如图 3.13 所示。从图中可以明显看出，BiOCl/TiO₂/斜发沸石的光电流强度远高于 TiO₂ 和 BiOCl，同时复合材料的阻抗谱所形成的圆弧半径要小于 TiO₂ 和 BiOCl，这说明 BiOCl/TiO₂/斜发沸石的光生电子对分离效率要远高于单一的 TiO₂ 或 BiOCl。这得益于 TiO₂ 和 BiOCl 之间所形成的异质结结构将光生电子与空穴引导至不同的位置，大大降低了光生电子对复合的概率，增强了光催化性能。

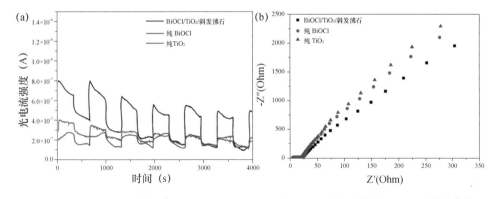

图 3.13 BiOCl/TiO₂/斜发沸石以及 TiO₂ 和 BiOCl 的 (a) 光电流曲线、(b) 阻抗谱曲线

不同煅烧温度所得 BiOCl/TiO₂/斜发沸石样品以及不同催化剂的光催化和吸附性能使用 10mg/L 的罗丹明 B 溶液进行测试。当煅烧温度较低时（300～500℃），BiOCl/TiO₂/斜发沸石样品具有优异的可见光催化性能，煅烧温度进一步提升时，光催化性能急速下降，这是由于 BiOCl 在高温下分解所致，与 XRD 的分析结果一致，图 3.14（c）～（d）是酸处理斜发沸石、BiOCl、TiO₂、BiOCl/斜发沸石、TiO₂/斜发沸石以及 BiOCl/TiO₂/斜发沸石对于罗丹明 B 的降解曲线以及动力学拟合曲线。所有的样品在开灯之前均进行了 30min 的暗环境吸附实验，结果如图 3.14（e）所示，所有的样品均在 20min 对罗丹明 B 达到吸脱附平衡。其中，酸处理斜发沸石具有最佳的吸附性能。BiOCl 具有片层状结构，堆叠产生大量的堆积孔，具有较好的吸附能力。以斜发沸石作为载体的催化剂，BiOCl/斜发沸石、TiO₂/斜发沸石由于晶体阻塞了一部分孔隙，因此相比于酸处理斜发沸石吸附性能有所下降。BiOCl/TiO₂/斜发沸石则由于"片-颗粒-片"的独特结构，具有更大的比表面积以及孔体积，因此具有优异的吸附性能。图 3.14（c）、（d）分别是 BiOCl/TiO₂/斜发沸石以及对比样品降解罗丹明 B 的降解曲线以及动力学拟合曲线。很明显，BiOCl/TiO₂/斜发沸石具有远高于其他样品的可见光催化能力。

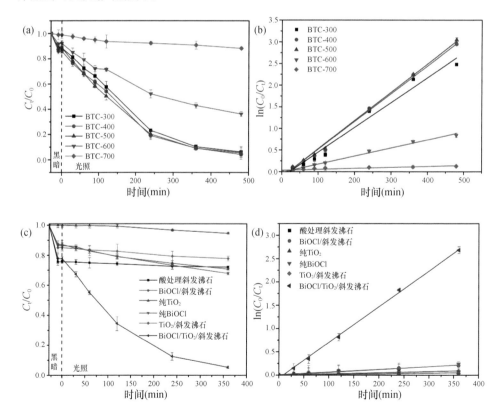

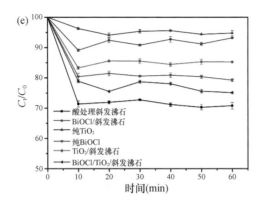

图 3.14 （a）、（c）不同煅烧温度所得 BiOCl/TiO$_2$/斜发沸石以及不同催化剂降
解罗丹明 B 的降解曲线；（b）、（d）不同煅烧温度所得 BiOCl/TiO$_2$/斜发沸石以及
不同催化剂降解罗丹明 B 的动力学拟合曲线；（e）不同样品对于罗丹明 B 的吸附曲线

3.2.3 BiOCl/TiO$_2$/辉沸石复合材料

以辉沸石为载体，硫酸氧钛为钛源，采用水解沉淀-煅烧晶化法制备纳米
BiOCl/TiO$_2$/辉沸石复合材料。复合材料制备步骤如下：称取一定质量的提纯后
的沸石溶于烧杯中，加入一定体积的水，超声震荡，搅拌均匀后，加少量硫酸，
随后加一定体积的 1mol/L 的硫酸氧钛溶液，继续搅拌 30min，用稀氨水（体积
比，氨水：水＝1：2）调 pH＝4.5，搅拌 2h，过滤、洗涤。称取一定质量的
Bi（NO$_3$）$_3$·5H$_2$O 溶于 1mol/L HNO$_3$ 中，超声至溶解。将上述步骤中制备的
TiO$_2$-沸石滤饼加入上述溶液中，搅拌均匀，将溶解有 KCl 的水溶液滴加至上述
矿浆溶液中，用稀氨水调 pH＝4.5~6，搅拌 2h，过滤、洗涤，干燥后的样品在
马弗炉中煅烧 2h，即得到纳米 BiOCl/TiO$_2$/多孔矿物复合材料。重点考察材料
制备过程中煅烧温度对复合材料光催化性能的影响。

分别制备煅烧温度分别为 400℃、500℃、600℃和 700℃的纳米 BiOCl/
TiO$_2$/辉沸石复合材料，其他制备条件为：复合材料中 TiO$_2$ 与 BiOCl 的质量比
45：55，BiOCl/TiO$_2$ 与沸石土的质量比为 1：1，溶液终点 pH＝6。不同煅烧
温度下制备的纳米 BiOCl/TiO$_2$/辉沸石复合材料对甲醛的光催化降解率如
图 3.15 所示。由图可知，煅烧温度为 600℃时制备的纳米 BiOCl/TiO$_2$/辉沸石
复合材料对甲醛的降解率较大，达到 74.73%，远高于相同条件下制备的纯
BiOCl 和 TiO$_2$ 的甲醛降解率。复合材料煅烧温度过高过低时，甲醛降解率都
会下降。

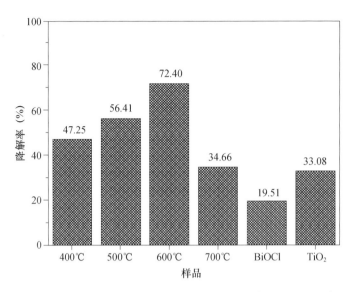

图 3.15　不同煅烧温度纳米 BiOCl/TiO$_2$/辉沸石复合材料对甲醛降解率

　　图 3.16 为不同煅烧温度纳米 BiOCl/TiO$_2$/辉沸石复合材料与其他样品的 XRD 谱图。由图可知，对于煅烧温度为 400℃、500℃ 和 600℃纳米 BiOCl/ TiO$_2$/辉沸石复合材料，具有相似的 XRD 谱图，复合材料中 BiOCl 和 TiO$_2$ 的衍射峰强度随着煅烧温度的增大而发生变化。复合材料中 BiOCl 为 12°处的衍射峰对应的晶面是（001），由图可以看出，这个晶面的衍射峰强度在煅烧温度范围为 400~600℃内随着煅烧温度的增加而升高，这是由于相比于其他晶面，这个晶面具有更高的热稳定性，而且 BiOCl 的（001）晶面具有更高的光吸收性能和较低的空穴电子复合率。在不同煅烧温度纳米 BiOCl/TiO$_2$/硅藻土复合材料的 XRD 图谱中没有出现这种现象，可能是由于在两种复合材料的制备过程中，终点 pH 的差异导致 BiOCl 晶面的不同。当煅烧温度升至 700℃时，TiO$_2$ 和 BiOCl 的特征峰都发生了显著变化，BiOCl 消失，同时出现钛酸铋和金红石的特征峰。采用 Scherrer 公式计算复合材料中的 TiO$_2$ 和 BiOCl 的晶粒大小，计算结果见表 3.4。由表可知，随着温度的升高，TiO$_2$ 和 BiOCl 的晶粒尺寸不断增大，虽然 600℃时复合材料中 TiO$_2$ 和 BiOCl 的晶粒尺稍大于 500℃时，但是 600℃时制备的复合材料中的 TiO$_2$ 和 BiOCl 具有更好的结晶性，缺陷少，电子空穴复合中心少，这使得 600℃时制备的复合材料具有较高的甲醛降解率。

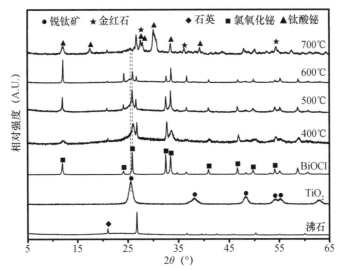

图 3.16　不同煅烧温度纳米 BiOCl/TiO$_2$/辉沸石复合材料与沸石、
TiO$_2$ 和 BiOCl 的 XRD 谱图

图 3-17 和表 3.4 为不同煅烧温度纳米 BiOCl/TiO$_2$/辉沸石复合材料及其他样品的比表面积、总孔体积和平均孔径数据。由表可知，复合材料具有多孔结构。由表 3.4 中的数据也可以看出，随着煅烧温度的增加，复合材料的比表面积和孔体积逐渐减小，平均孔径逐渐增大，这可能是由于煅烧温度的升高导致沸石结构的破坏，同时 TiO$_2$ 和 BiOCl 晶粒的增大使得孔道结构变化。煅烧温度为 400℃时制备的纳米 BiOCl/TiO$_2$/辉沸石复合材料的比表面积和孔体积最大，当煅烧温度升高至 700℃时，复合材料比表面积和孔体积最小。600℃下煅烧制备的复合材料比表面积为 55.8m^2/g，小于沸石载体，但孔体积为 0.099cm^3/g，大于沸石。这是由于沸石负载了纳米 BiOCl 和 TiO$_2$，形成了多孔结构，使复合材料具有较大的孔体积，从而增强了对甲醛的吸附，有利于对其光催化降解。

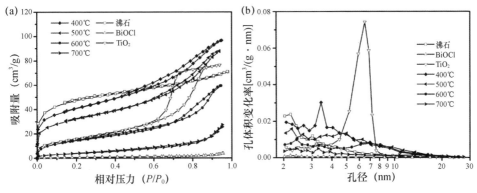

图 3.17　各样品的（a）吸脱附等温线和（b）孔径分布曲线

表 3.4　各样品中 TiO₂ 的晶粒大小、比表面积及孔结构特性

煅烧温度 （℃）	TiO₂ 晶粒 （nm）	BiOCl 晶粒 （nm）	比表面积 （m²/g）	孔体积 （cm³/g）	平均孔径 （nm）	禁带宽度 （eV）
400	—	14.4	138.0	0.135	5.3	2.97
500	10.5	22.3	109.7	0.128	6.1	2.97
600	11.4	25.6	55.8	0.099	7.1	2.95
700	22.2	—	18.6	0.047	8.0	3.00
BiOCl-600	—	48.2	2.9	0.007	7.8	3.13
TiO₂-600	11.7	—	59.5	0.138	6.1	3.05
辉沸石			167.5	0.065	3.9	—

　　材料的固体紫外可见吸收光谱见图 3.18，禁带宽度大小列于表 3.4。由图表可知，纳米 BiOCl/TiO₂/辉沸石复合材料相比纯 BiOCl 和 TiO₂ 具有更小的禁带宽度，煅烧温度为 600℃时制备的 BiOCl/TiO₂/辉沸石复合材料具有较小的禁带宽度，所以该复合材料更易被可见光激发，从而具有较高的甲醛降解率。

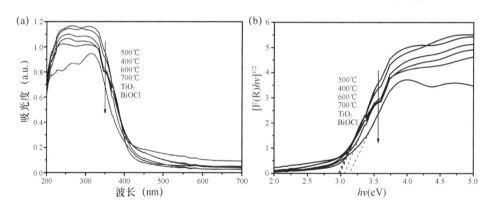

图 3.18　各样品的（a）固体紫外可见吸收光谱和（b）禁带宽度

　　图 3.19 为纳米 BiOCl/TiO₂/辉沸石复合材料和其他对比材料的扫描电镜图。由图可知，用相同方法制备的纯 TiO₂ 和 BiOCl 团聚严重，呈块状和球状形貌，不利其对光的吸收和利用。在未负载前，沸石表面比较光滑，负载纳米 TiO₂ 和 BiOCl 后，BiOCl 和 TiO₂ 在沸石表面附着，沸石表面变得粗糙，同时三种物质之间形成多孔结构，BiOCl 与 TiO₂ 紧密结合，形成异质结。图 3.20 为纳米 BiOCl/TiO₂/辉沸石复合材料的透射电镜图，从图中可以看到 BiOCl 和 TiO₂ 的晶格条纹，证明了复合材料中 BiOCl/TiO₂ 异质结的存在。

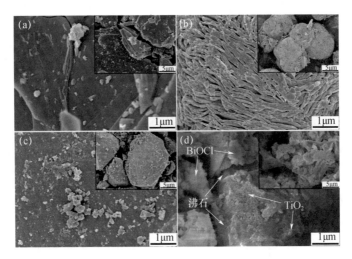

图 3.19　（a）辉沸石、（b）BiOCl、（c）沸石及（d）纳米 BiOCl/TiO$_2$/
辉沸石复合材料的扫描电镜图

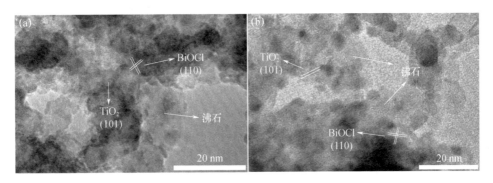

图 3.20　纳米 BiOCl/TiO$_2$/辉沸石复合材料的透射电镜图

　　综上所述，以沸石为载体，采用水解沉淀法制备的纳米 BiOCl/TiO$_2$/辉沸石复合材料具有与纳米 BiOCl/TiO$_2$/硅藻土复合材料类似的多孔结构、较小的晶粒尺寸、较好的可见光吸收性能和较高性能的异质结结构，使得该复合材料对甲醛分子同样具有较好的降解性能。

3.3　膨胀珍珠岩

　　珍珠岩是由火山爆发喷出的酸性岩浆冷却形成的天然玻璃岩石，以其化学成分中水的含量不同分为黑曜岩、珍珠岩、松脂岩等。珍珠岩矿石在经过破碎、分级、烘干等预处理后，可在高温下急速焙烧制得膨胀珍珠岩。膨胀珍珠岩质轻且内部具有蜂窝状多孔结构，良好的热稳定性与化学稳定性，被广泛用于化工、冶金、建材、农业等领域。

膨胀珍珠岩具有较好的透光性，且由于其密度较小，可以悬浮于水体表面，因此将光催化材料与膨胀珍珠岩进行复合，可以制备出具有漂浮特性的复合光催化材料。该类复合材料在应用于水处理领域时，可以悬浮于液气界面，从而具有较高的光利用效率，且有利于复合材料的回收利用，从而降低材料应用成本。综上，以膨胀珍珠岩作为半导体光催化剂载体材料具有以下几种功能：（1）助分散作用：利用膨胀珍珠岩的片层多孔结构，实现半导体催化剂良好的分散，抑制纳米级催化剂颗粒之间的团聚效应；（2）助催化作用：利用膨胀珍珠岩良好的吸附性能，对污染物进行预先富集，增加催化剂与污染物的接触概率，进而提高材料的光催化效率；（3）助受光作用：利用膨胀珍珠岩良好的透光率与轻质悬浮特性，使复合材料催化剂在应用时悬浮于气液界面，从而增大催化材料的受光面积；（4）助回收作用：利用膨胀珍珠岩在水中悬浮及便于快速过滤特性，实现光催化剂的快速回收与循环利用。

3.4 纳米 TiO$_2$/膨胀珍珠岩复合材料的制备、结构与性能

采用均匀沉淀法制备纳米 TiO$_2$/膨胀珍珠岩复合材料：取 10g 的膨胀珍珠岩置于 200mL 蒸馏水中，充分超声搅拌分散后转移至三口烧瓶中，向其中加入 25mL 浓度为 1mol/L 的 TiOSO$_4$ 溶液，按照摩尔比 1：2 加入 3g 尿素，将均匀混合的矿浆置于水浴锅中 75℃反应 2h。反应结束后抽滤洗涤至无法用 BaCl$_2$ 溶液检测出 SO$_4^{2-}$，105℃烘干 24h，研磨后使用不同煅烧温度与煅烧时间进行煅烧晶化以研究煅烧过程对纳米 TiO$_2$/膨胀珍珠岩复合材料光催化性能的影响，升温与降温速度为 5℃/min（图 3.21）。

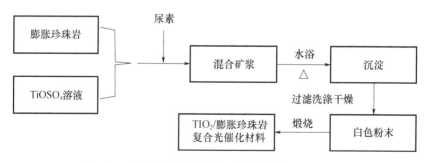

图 3.21　TiO$_2$/膨胀珍珠岩复合材料制备工艺流程图

图 3.22 是不同煅烧温度及煅烧时间下纳米-TiO$_2$/膨胀珍珠岩复合材料和膨胀珍珠岩的 XRD 图。膨胀珍珠岩的 XRD 图谱为非晶态的衍射峰包，说明其为非晶相。复合材料中出现了代表结晶态 TiO$_2$ 的衍射峰，随着煅烧温度的提升，图谱中的特征峰强度提高且峰形尖锐，这表明复合材料中 TiO$_2$ 的结晶度逐步提高，

在 850℃ 下复合材料的图谱中出现了代表金红石相 TiO_2 的特征峰，这表明 TiO_2 已经出现了晶相转变。图 3.22（b）是 550℃ 不同煅烧时间所得纳米 TiO_2/膨胀珍珠岩复合材料的 XRD 图谱，从图中可以看出在不同煅烧时间下图中仅出现代表锐钛矿相 TiO_2 的特征峰，这说明 TiO_2 没有出现晶相转变的情况。随着煅烧时间的延长，TiO_2 峰型逐渐尖锐且强度增强，这说明 TiO_2 的结晶度随着煅烧时间的延长而提升，但是变化程度不及煅烧温度的影响。

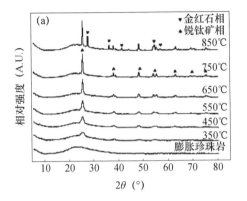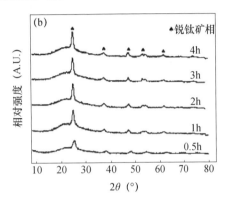

图 3.22　（a）膨胀珍珠岩及不同煅烧温度下复合材料 XRD 谱图；
（b）不同煅烧时间下复合材料的 XRD 谱图

表 3.5 是不同煅烧温度及时间下纳米-TiO_2/膨胀珍珠岩复合材料中 TiO_2 的晶粒尺寸和晶相组成。随着煅烧温度的提高，锐钛矿晶粒的尺寸逐渐增加，其中 350～550℃ 之间增幅较小，超过 550℃ 后快速增大。这表明在 550℃ 以下是锐钛矿的结晶发育过程，晶粒生长缓慢，超过 550℃ 以后则主要是锐钛矿晶粒的快速生长过程。350～650℃ 之间，TiO_2 为纯锐钛矿相，750℃ 时为混合相，其中金红石含量为 12.01%，随着煅烧温度的提高，混合相中的金红石相含量增加。复合材料中 TiO_2 颗粒在 750℃ 时发生晶相转变，而纯 TiO_2 的晶相转变温度为 500～800℃，这表明载体膨胀珍珠岩对 TiO_2 的晶相转变具有一定的抑制作用，使得 TiO_2 的晶型转变温度提高。随着煅烧时间的延长，TiO_2 的晶粒尺寸增大，但是增加幅度较小，且不同煅烧时间下复合材料中的 TiO_2 均为纯锐钛矿相。这说明在煅烧过程中，煅烧温度的影响要大于煅烧时间。

表 3.5　不同煅烧条件下复合材料的晶相组成和锐钛矿晶粒尺寸

煅烧条件	锐钛矿晶粒尺寸（nm）	晶相组成	
		锐钛比例（%）	金红石比例（%）
2h/350℃	9.51	100	0
2h/350℃	10.06	100	0

续表

煅烧条件	锐钛矿晶粒尺寸（nm）	晶相组成	
		锐钛比例（%）	金红石比例（%）
2h/350℃	11.93	100	0
2h/350℃	17.25	87.99	12.01
2h/350℃	23.69	64.31	35.69
2h/350℃	28.47	100	0
550℃/0.5h	9.65	100	0
550℃/0.5h	10.82	100	0
550℃/0.5h	11.93	100	0
550℃/0.5h	12.25	100	0
550℃/0.5h	13.25	100	0

图 3.23 是纳米-TiO_2/膨胀珍珠岩复合材料以及膨胀珍珠岩原矿的扫描电镜图。如图所示，膨胀珍珠岩为不规则片状结构，尺寸较大，可达到微米级，表面平整光滑。复合材料的照片中，整体仍为片状结构，表面出现均匀且致密的细小颗粒，在较高倍率下可以看出，这些尺寸均一的颗粒在膨胀珍珠岩表面形成了一层致密的薄膜。上述结果表明：TiO_2 纳米颗粒均匀地负载于膨胀珍珠岩表面。

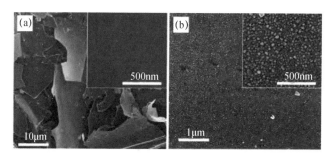

图 3.23 　（a）膨胀珍珠岩和（b）煅烧条件 550℃、煅烧时间 2h 条件下制备的
复合材料的 SEM 图

为了探索煅烧条件对纳米 TiO_2/膨胀珍珠岩复合材料光催化性能的影响，使用不同煅烧条件所得复合材料对罗丹明 B 进行光催化降解实验，实验结果如图 3.24 所示。从图中可以看出，随着煅烧温度的提高，复合材料对罗丹明 B 的最终降解率先升高后降低，并在 550℃时达到最大，去除率达到 95% 以上。结合 XRD 分析结果可知：当煅烧温度较低时，复合材料中锐钛矿晶型 TiO_2 结晶程度较低，光催化效率较低；随着煅烧温度提高到 550℃，锐钛矿晶型 TiO_2 逐渐发育完整，光催化性能提高；当煅烧温度高于 550℃后，锐钛矿 TiO_2 晶粒迅速增

大，发生团聚堆叠，表面活性位点减少，同时高温煅烧下 TiO_2 发生脱氢反应，表面羟基流失，这使得复合材料表面光生电子对分离效率降低；煅烧温度进一步提高到 750℃后，金红石相 TiO_2 出现，复合材料的光催化性能进一步变差。

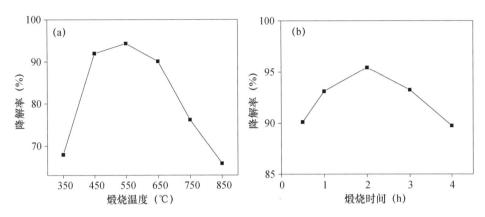

图 3.24　不同煅烧条件下复合材料对罗丹明 B 的降解率
(a) 煅烧温度；(b) 煅烧时间

　　为了探究煅烧时间的影响，对 550℃下不同煅烧时间所得复合样品的光催化样品进行测试。随着煅烧时间的延长，光催化性能先提升后降低，在煅烧时间为 2h 时达到最佳。当煅烧时间较短时（<2h），TiO_2 仍处于晶体生长阶段，结晶尚未完全，活性位点较少。煅烧时间进一步增加时（>2h），已经成型的 TiO_2 发育长大，出现团聚堆叠，活性位点减少，光催化效率降低。煅烧温度对降解率的影响大于煅烧时间，这与 XRD 分析一致，这是因为煅烧温度对于 TiO_2 晶体的晶型以及生长的影响远大于煅烧时间，而晶体结构直接决定复合材料性能。

4 层状硅酸盐矿物负载型 光催化复合材料

层状硅酸盐矿物（phyllosilicate mineral）是硅酸盐类矿物按晶体结构特点划分的亚类之一。其基本结构层包括四面体层和八面体层。对于四面体层（Tetrahedron—T 层）来说，[SiO$_4$] 四面体分布在一个平面内，彼此以三个角顶相连，即每个四面体的三个氧原子（底面氧）与相邻的三个硅氧四面体共用（这种共用氧称为桥氧，为惰性氧），从而形成二维无限延展的网层（最常见的为六方形环），称为四面体层，以字母 T（Tetrahedron sheet）表示。而对于八面体层（Octahedron—O 层）来说，由上下两层四面体层的 O^{2-}（或者一层四面体层 O^{2-} 与 OH$^-$）以角顶氧（及 OH$^-$）相对，并相互以最紧密堆积的位置错开叠置，在其间形成了配位八面体层，以字母 O（Octahedron sheet）表示。整体结构单元层分为二层型结构（TO 型，1：1 型）以及三层型结构（TOT 型，2：1型），二层型结构代表性矿物为高岭石，三层型结构代表性矿物为蒙脱石和伊利石，也有比较特殊的层状硅酸盐结构矿物，如累托石，是由二八面体云母和二八面体蒙脱石按 1：1 规则间层的黏土矿物，与高岭石有诸多相似之处。层状结构矿物具有易剥离、结构规整、表面吸附和活性位点丰富、易于键合负载等特点，因而是催化剂的优良载体。

4.1 高岭石

高岭石作为一种重要的黏土矿物资源，其结构单元层是由一个 SiO$_4$ 四面体层和一个 AlO$_2$（OH）$_4$ 八面体层连接而成，通过四面体和八面体之间共享 O 原子及晶层间以氢氧键连接形成高度有序的 1：1 型的准二维片层状构造，使其具有较大的比表面积；而相邻的结构单元层以氢键相连接，晶体通常呈假六方片状，易沿（001）方向裂解为小的薄片，电镜下呈自形六方板状、半自形或他形片状晶体，集合体通常呈片状和鳞片状，层间不含可交换阳离子。高岭石晶体结构中除了含有吸附水、层间水和结晶水，表面上还存在着许多活性基团，如Al—OH 键、Si—O 键等。此外，晶格边缘亦存在较多断键，使得化学键不平衡，易发生优先溶解、解离和吸附现象，使得高岭石表面附着部分负电荷，为保持电中性，会形成界面双电层结构，或者与水分子发生水合作用，使水分子以化学吸附的方式附着在矿物表面，这些均会对高岭石的吸附能力造成一定影响，同时这也是高岭石重要的表面性质之一。

高岭石作为半导体光催化剂载体材料具有以下几种功能：（1）助分散作用：高岭石优良的载体效应能够有效改善纳米催化剂颗粒团聚，实现纳米催化剂颗粒在高岭石表面的均匀负载；（2）助催化作用：高岭石黏土矿物特性能够有效改善催化剂颗粒对污染物分子的吸附性能，从而增加污染物分子与催化剂活性组分的接触概率，实现污染物分子的高效降解；（3）助分离作用：高岭石表面充满带负电的羟基基团，因此在光生载流子的迁移过程依靠静电引力和斥力能有效促进载流子的分离，提高量子效率；（4）助回收作用：与催化剂颗粒相比，高岭石片层在微米级别，因而可轻易依靠重力或离心从反应体系中分离出来，从而实现复合光催化材料的循环利用。

4.2　TiO₂/高岭石复合材料的制备、结构与性能

4.2.1　TiO₂/高岭石复合材料

采用苏州高岭石作为 TiO_2 光催化剂的载体，以钛酸四丁酯 $[Ti(OC_4H_9)_4$，TBOT] 为原料，无水乙醇为溶剂，乙酸为缓释剂，盐酸为 pH 调节剂，通过钛酸四丁酯的温和水解在高岭石上固载 TiO_2。之后经过干燥及煅烧制得 TiO_2/高岭石复合材料。具体制备工艺条件如下：首先，在 25℃ 恒温下，将高岭石（1.0g）、乙醇（24.0mL）和乙酸（2.0mL）加入到连续磁搅拌反应装置中，使添加物均匀分散。30min 后，将有机 TBOT 滴入悬浮液中。持续搅拌 30min 后，将水（12mL）和乙醇（12mL）组成的调节液（体积比 φ＝100%，pH＝2）采用蠕动泵逐滴加入。随后，继续磁力搅拌 12h 形成凝胶，将得到的凝胶产品转移到烘箱中，80℃下干燥 12h，研磨后放入管式气氛炉内煅烧，即得到 TiO_2/高岭石复合光催化材料。具体的制备工艺流程图如图 4.1 所示。

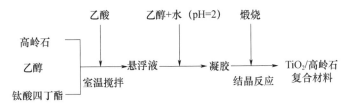

图 4.1　TiO₂/高岭石复合材料制备工艺流程图

在制备过程中，影响复合光催化材料结构和性能的因素主要有煅烧气氛、煅烧温

度、反应体系 pH、反应温度、TiO_2 负载量、溶剂比例 [v(H_2O) /v(HAc)] 等。

煅烧气氛会影响纳米 TiO_2/高岭石复合光催化材料的晶型结构以及表面和体内缺陷位形成,而煅烧温度和煅烧时间则会对 TiO_2 晶型结构及组成、形貌、活性等表面性质以及光学性质和催化性能产生直接影响。同时对于水合氧化钛离子以及高岭石表面羟基化的键合和晶体状态的转变都具有重要影响。

反应体系 pH 是影响钛酸四丁酯水解、缩聚反应速率的重要因素。实验中,通过水和乙醇组成的调节液控制反应体系的 pH,而主要的 pH 调节剂则为盐酸,使得最终调节液的 pH 为 2。初始溶液中,钛盐水解产物的表面带正电,而载体高岭石表面带负电,通过静电引力两者紧密结合在一起。加入调节液后,由于静电斥力作用,胶体颗粒聚沉概率降低。

反应温度是复合光催化材料制备过程中的主要影响因素。由于钛醇盐极易水解,反应温度会对最终固载到高岭石上的纳米 TiO_2 的晶粒尺寸、活性乃至分散状况产生重要影响。

TiO_2 的负载量对复合材料的结构和性能产生直接影响。而在经济、实用方面,TiO_2 的用量也最终决定着复合材料的成本与应用前景。制备过程中,适量的 TiO_2 负载量会使得反应体系中水解有机钛分子数增加,有利于与高岭石的碰撞接触和结合。而过量的有机钛盐则极易水解团聚,因此适宜的负载量对于构建矿物负载纳米 TiO_2 体系至关重要。本实验中通过调节钛酸四丁酯的用量达到改变 TiO_2 负载量的目的。

溶剂比例 [v(H_2O) /v(HAc)] 对于溶胶凝胶法来说也具有重要影响,它会影响钛盐的水解速度。在制备过程中,乙酸为水解缓释剂,因此通过调整溶剂与乙酸的比例可以调控复合材料的晶粒大小、晶相组成、比表面积大小以及最终的光催化活性。

图 4.2 是不同 TBOT 用量下所制备样品 TK-X(其中 X 为实验中所用钛酸四丁酯的体积,X＝0.5,1.0,2.0,3.0,4.0,5.0,6.0mL)的 X 射线衍射结果。对于制备的复合材料样品,可以发现,煅烧后高岭石的特征峰基本消失,仅有较弱的石英峰(JCPDS No. 46-1045)存在,且随着负载量的逐渐增大,石英峰逐渐减弱并消失。前者主要是由于层状高岭石的脱羟基反应以及结构堆积,而后者则是由于复合材料中高岭石的相对含量减少所致。对于 TiO_2 来说,无论是纯 TiO_2 还是复合催化剂中的 TiO_2,都以锐钛矿相存在,这是由于煅烧温度较低(650℃)的缘故。TiO_2 XRD 谱图中 2θ＝25.3°、37.8°、48.1°、54.0°、55.2°等处的衍射峰分别归属于锐钛矿相(101)、(004)、(200)、(105)、(211)等晶面(JCPDS No. 21-1272)。

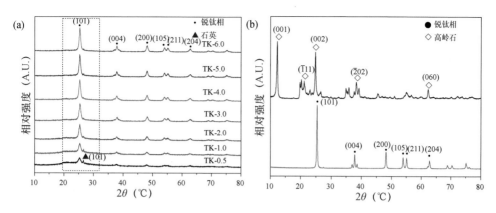

图 4.2 　（a）不同负载量 TiO$_2$/高岭石（TK）样品 XRD 图谱（TK-X，X=0.5，1.0，
2.0，3.0，4.0，5.0 和 6.0mL TBOT），（b）纯 TiO$_2$ 和高岭石 XRD 图谱

　　表 4.1 列出了 TiO$_2$/高岭石复合材料中 TiO$_2$ 的平均晶粒尺寸。从表中可得：将纳米 TiO$_2$ 负载到层片状高岭石表面后，其平均晶粒尺寸显著下降，从 30nm 降低到 15nm 左右，说明天然高岭石对于晶相 TiO$_2$ 的生长具有抑制作用，而较小的晶粒尺寸由于纳米效应，活性更高。随着钛酸四丁酯（TBOT）用量的增大，样品中所含锐钛矿相 TiO$_2$ 的晶粒尺寸整体呈增加的趋势，但变化幅度较小，从 13nm 到 16nm 左右。在众多不同负载量样品中，TBOT 用量为 0.5mL 的复合材料中锐钛矿相 TiO$_2$ 的平均晶粒尺寸最小，为 13.028nm。而当 TBOT 用量达到 3.0 mL 时，晶粒尺寸为 14.497nm。光催化活性除与晶粒尺寸相关外，还与负载量等其他因素有关，因而合适的负载量最终会使得复合材料达到最佳的催化效果。

　　一般采用溶胶凝胶法制备的纯 TiO$_2$ 在 500~600℃下煅烧，就会出现金红石相，而本研究中将纳米 TiO$_2$ 负载到高岭石表面，在 650℃下进行煅烧后没有出现金红石相，说明层状硅酸盐矿物高岭石作为载体可以有效提高 TiO$_2$ 的热稳定性，延缓 TiO$_2$ 的晶型转变，即使在较高煅烧温度下，仍能保持锐钛矿相，因而具有较高的光催化活性。

表 4.1 　不同负载量的 TiO$_2$/高岭石复合材料的晶型特征和孔结构特性

样品	锐钛矿 TiO$_2$ 晶粒尺寸（nm）	BET 比表面积（m^2/g）	孔体积（cm^3/g）	平均孔径（nm）
高岭石	—	22.669	0.051	8.983
TiO$_2$	30.397	32.597	0.085	10.388
TK-0.5	13.028	44.244	0.101	9.148

样品	锐钛矿 TiO₂ 晶粒尺寸（nm）	BET 比表面积（m²/g）	孔体积（cm³/g）	平均孔径（nm）
TK-1.0	13.318	45.928	0.088	7.691
TK-2.0	14.567	50.490	0.100	7.905
TK-3.0	14.497	54.816	0.118	8.597
TK-4.0	15.439	59.254	0.132	8.939
TK-5.0	16.245	60.971	0.144	9.415
TK-6.0	16.631	60.210	0.137	9.106

实验所用高岭石载体的微观形貌如图 4.3（a）和（b）所示，形貌以六角鳞片状和六方板状为主，而集合体则平行连生，呈现手风琴状；单晶表面平整、光滑，少部分呈现卷曲状。而对于纯 TiO₂ 来说，由于纳米 TiO₂ 颗粒尺寸较小，表面能较高，因而极易发生团聚，形成小的团聚体，继而生成更大的块状团聚体，如图 4.3（c）和（d）所示。图 4.4（a）～（f）是具有不同负载量的纳米 TiO₂/高岭石复合材料 SEM 图。与单一高岭石载体相比，负载后样品表面出现纳米 TiO₂ 颗粒，粗糙度增加。当钛酸四丁酯用量为 1.0mL 时［图 4.4（a）和（b）］，高岭石表面开始出现部分纳米 TiO₂ 颗粒；随着钛酸四丁酯用量的逐渐增加，当钛酸四丁酯用量达到 3.0mL 时［图 4.4（c）和（d）］，可以发现纳米 TiO₂ 颗粒较为均匀地负载在高岭石表面，通过高岭石固载，大大减少了纳米 TiO₂ 颗粒的团聚，此时 TiO₂ 颗粒分散负载的效果较佳；而当钛酸四丁酯用量达到 5.0mL 时［图 4.4（e）和（f）］，可以发现 TiO₂ 颗粒在高岭石表面的负载更为致密，部分区域因 TiO₂ 颗粒含量较高，发生自身团聚。因此，本实验中钛酸四丁酯的最优用量为 3.0mL。

图 4.3 （a）和（b）纯高岭石样品扫描电镜图；（c）和（d）纯 TiO$_2$ 样品扫描电镜图

图 4.4 不同负载量 TiO$_2$/高岭石（TK）样品扫描电镜图（a）和
（b）TK-1.0，（c）和（d）TK-3.0，（e）和（f）TK-5.0

图 4.5 是高岭石、TiO$_2$ 以及复合样品的 N$_2$ 等温吸脱附曲线以及孔容孔径分布曲线，而 BET 比表面积、孔体积和平均孔径的数据则列于表 4.1 中。由图 4.5（a）和（c）可得，TK-X（X=0.5，1.0，3.0 和 5.0mL）样品的等温线在相对压力为

0.60～0.95 的范围内展现了迟滞现象，说明了所有的 TiO₂/高岭石样品都具有介孔结构。而随着 TBOT 用量的增加，可以发现，复合材料对 N₂ 的吸附量呈增加的趋势，比表面积也逐渐增加，所有复合材料的比表面积均大于纯高岭石（$S_{BET}=22.669m^2/g$）以及纯 TiO₂（$S_{BET}=32.597m^2/g$），说明制备的复合材料产生了界面交互与化学键合，TiO₂ 纳米颗粒在表面均匀负载，同时很好地保持了高岭石本身的层片状结构。丰富的介孔结构和高的比表面积可以促进目标污染物在催化剂表面的动态吸脱附及扩散过程，进而提高复合光催化剂的催化活性。

由图 4.5（b）和（d）可得到不同负载量下复合材料以及对照样品的 BJH 孔径分布情况，可以看出，对于所有样品来说，其孔径分布主要集中在 1～20nm 之间，说明其孔结构以介孔为主。随着钛酸四丁酯用量的增加，当钛酸四丁酯用量达到 5.0mL 时，TK-5.0 孔径分布在 10～20nm 间出现增加，这可能是因为钛酸四丁酯用量过多，因而纳米 TiO₂ 颗粒在高岭石表面形成团聚体，产生许多大的堆积孔。结合表 4.1 可以发现，对于复合材料来说，其平均孔径先减小后增大，这是由于钛酸四丁酯用量变化造成的。在不同负载量样品中，TK-1.0 的孔径分布较窄，平均孔径约为 7.691nm。较小的孔径分布有助于污染物分子的快速吸附、迁移与降解。

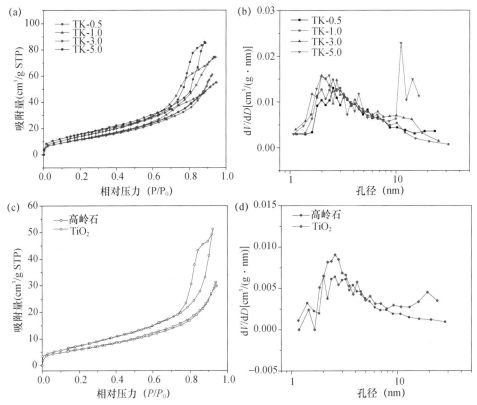

图 4.5 不同负载量的 TiO₂/高岭石复合材料（a）和（c）N₂ 吸附-脱附等温线，
（b）和（d）BJH 孔径分布图

图 4.6 是不同负载量复合材料的紫外-可见漫反射吸收光谱以及能带图。从图中可以看出，单一高岭石在紫外以及可见光区域的吸收都很弱，而单一的 TiO₂ 则展现了在紫外光区（λ<400nm）良好的吸收性能，但可见光区域的吸收同样很弱。对于复合材料来说，可以发现，不同负载量的样品都发生了一定程度的蓝移，紫外光区的吸收能力显著增强，当钛酸四丁酯用量达到 3.0mL 时，复合材料在紫外光区的吸收性能达到最佳。随钛酸四丁酯用量的不同，复合材料的禁带宽度在 3.10 ～ 3.18eV 之间，略高于纯 TiO₂ 的禁带宽度（3.04eV），这是由于在复合材料中存在高岭石（3.42eV）的缘故。

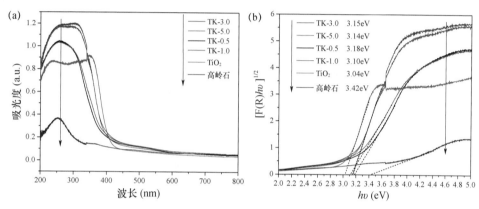

图 4.6　不同 TBOT 用量的 TiO₂/高岭石复合材料

（a）UV-Vis DRS 图，（b）禁带宽度图

图 4.7 所示是不同负载量复合材料对环丙沙星的降解曲线图，降解过程在紫外光下进行。对于不同负载量样品来说，随着钛酸四丁酯用量的增大，TiO₂/高岭石复合材料对环丙沙星的降解程度逐渐加快，所有样品的降解率都高于纯 TiO₂，而当钛酸四丁酯用量达到 2.0mL 时，所有样品的降解率都高于 P25，说明了制备的复合材料在紫外光下具有较佳的光催化降解性能，且性能显著优于纯 TiO₂ 和 P25；从图 4.7（b）的准一级动力学常数结果可得，复合样品 TK-6.0 的降解速率分别是纯 TiO₂、P25 的 6.90 和 1.81 倍。这与高岭石的载体效应（更小的晶粒尺寸、更大的比表面积和孔体积、增强的光谱吸收能力以及表面负电对载流子迁移的调控作用）密切相关。对于纯高岭石来说，因为表面吸附位点丰富，对于环丙沙星具有较好的吸附性能；良好的吸附能力对于污染物分子的迁移与降解过程至关重要。从最终的吸附-降解变化图中可以发现，随着钛酸四丁酯用量的增大，复合样品的吸附性能逐渐下降，这与纳米 TiO₂ 颗粒在表面的堆积、团聚堵塞吸附位点有关。总体上而言，复合材料的吸附性能较佳，而吸附达到饱和后，催化作用起主导作用，说明构建的吸附-降解耦合协同体系能够更加有效

的实现液相污染物的降解。

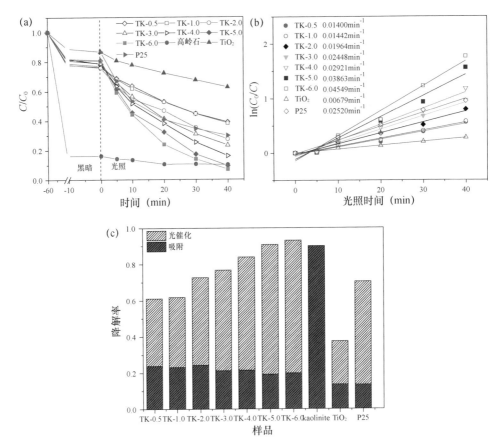

图 4.7 (a) 不同 TBOT 用量的 TiO₂/高岭石复合材料降解环丙沙星（CIP）曲线；
(b) 对应的准一级降解动力学；(c) 不同样品对应的吸附-催化比例

4.2.2 乙酸质子化 TiO₂/高岭石复合材料

（1）乙酸质子化 TiO₂/高岭石复合材料的制备

采用温和的溶胶凝胶结合机械力化学法制备了 CH₃COOH 质子化 TiO₂/高岭石复合材料。其具体制备步骤如下：首先，在 25℃ 恒温下，将高岭石（1.0g）、乙醇（24.0mL）和乙酸（2.0mL）加入到连续磁搅拌反应装置中，使添加物均匀分散。30min 后，将有机 TBOT（1.0~4.0mL，取决于 TiO₂ 的目标负载量）滴入悬浮液中。持续搅拌 30min，将水（12mL）和乙醇（12mL）组成的调节液（v：v=1：1，pH=2）逐滴加入。随后，继续搅拌 12h，将得到的凝胶产品转移到烘箱中，80℃ 下干燥。最后，用管式炉在 300℃ 下煅烧 2h。将升温速度和冷却速度均设定为

5℃/min，考虑到 TiO$_2$ 负载量因 TBOT 用量（1～4mL）而异，制备的 TiO$_2$/高岭石复合材料分别命名为 TiO$_2$/高岭石-1、TiO$_2$/高岭石-2、TiO$_2$/高岭石-3 和 TiO$_2$/高岭石-4。根据反应液中 TBOT 的加入量，理论负载量分别为 19.03%、31.97%、41.35% 和 48.45%。对于 CH$_3$COOH 质子化的 TiO$_2$/高岭石复合材料，首先将得到的 TiO$_2$/高岭石复合材料（1.5g）与 50.0mL 去离子水混合，然后加入一定量的乙酸（0.28mL），使得乙酸浓度控制在 0.1mol/L。在 20℃下连续搅拌 24h，完成 CH$_3$COOH 质子化过程。随后，过滤、洗涤和干燥，得到 CH$_3$COOH 质子化 TiO$_2$/高岭石复合材料。这些材料分别命名为 H$^+$-TiO$_2$/高岭石-1、H$^+$-TiO$_2$/高岭石-2、H$^+$-TiO$_2$/高岭石-3 和 H$^+$-TiO$_2$/高岭石-4。单一 TiO$_2$ 也通过溶胶-凝胶法制备。其具体制备工艺流程如图 4.8 所示。

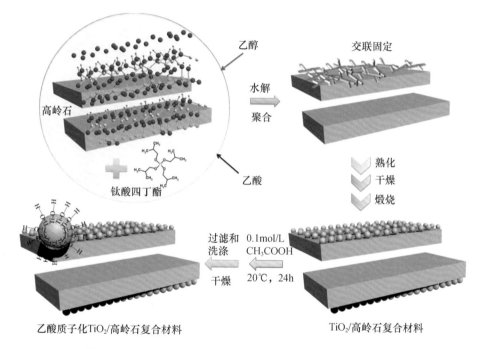

图 4.8　CH$_3$COOH 质子化 TiO$_2$/高岭石复合材料制备机理图

（2）乙酸质子化 TiO$_2$/高岭石复合材料的结构

图 4.9 是不同负载量的 TiO$_2$/高岭石复合材料和 CH$_3$COOH 质子化 TiO$_2$/高岭石复合材料的 XRD 表征结果。对于单一 TiO$_2$ 来说，典型衍射特征峰与标准卡片 JCPDS 21-1272 相吻合。在 $2\theta = 25.37°$、37.88°、48.12°、54.01°、55.14°和62.71°等处的特征峰对应于典型的锐钛矿型 TiO$_2$（101）、（004）、（200）、（105）、（211）和（204）等晶面。与纯 TiO$_2$ 相比，TiO$_2$/高岭石复合

材料和 CH_3COOH 质子化 TiO_2/高岭石复合材料的 X 射线衍射谱峰形更为粗糙，表明所合成的复合材料结晶完整性不如纯 TiO_2，但整体上随着负载量增加，结晶性逐渐提高。所有谱线中高岭石都没有明显的特征峰，这可归因于热处理下结晶性能的转变。随着温度的升高，高岭石层间的堆叠羟基消失，高岭石转变为无定型非晶相。由于 CH_3COOH 的改性作用主要集中在 TiO_2/高岭石复合材料表面，因而没有产生明显的峰差。但根据计算出的复合材料中 TiO_2 的平均晶粒尺寸以及晶格应变（表 4.2），可以发现，CH_3COOH 质子化能够得到相对较小的晶粒尺寸和较大的晶格畸变。研究表明，晶粒尺寸越小、晶格畸变程度越高，光催化性能越好。这是因为当 TiO_2 颗粒尺寸减小时，将获得更高的比表面积和表面能，有助于产生量子尺寸效应，进一步促进氧化还原能力，提高光催化性能。由晶格畸变引起的缺陷位点也可以有效捕获电子，促进光生载流子的分离，提高量子效率。此外，引入高岭石后，由于载体效应，TiO_2 晶粒尺寸大大减小，天然矿物通常对纳米颗粒在其表面的生长具有延迟、分散和改性的作用。

表 4.2　TiO_2/高岭石复合材料和 CH_3COOH 质子化 TiO_2/高岭石复合材料表面和内部结构特性

样品	BET 比表面积 (m^2/g)	孔体积 (cm^3/g)	平均孔径 (nm)	晶粒尺寸 (nm)	TiO_2 晶格畸变
TiO_2/高岭石-1	46.138	0.089	7.711	11.20	0.013897
TiO_2/高岭石-2	55.256	0.112	8.142	12.83	0.012110
TiO_2/高岭石-3	55.602	0.122	8.766	13.61	0.011396
TiO_2/高岭石-4	62.575	0.141	9.007	13.56	0.011426
H^+-TiO_2/高岭石-1	81.846	0.111	5.416	11.28	0.013745
H^+-TiO_2/高岭石-2	73.263	0.118	6.417	12.28	0.012539
H^+-TiO_2/高岭石-3	62.780	0.120	7.626	13.23	0.011714
H^+-TiO_2/高岭石-4	77.440	0.145	7.487	13.14	0.011839
TiO_2	80.781	0.144	7.149	27.77	0.005623

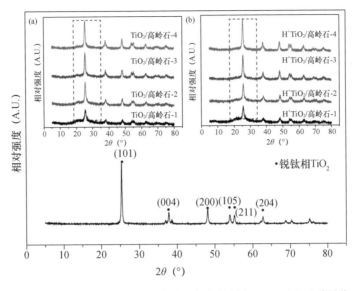

图 4.9　不同负载量的 TiO_2/高岭石复合材料和 CH_3COOH 质子化
TiO_2/高岭石复合材料 XRD 图谱

TiO_2/高岭石复合材料和 CH_3COOH 质子化 TiO_2/高岭石复合材料的透射电子显微镜（TEM）和高分辨率透射电子显微镜（HRTEM）表征结果如图 4.10 所示。从图中可以看出，TiO_2 在高岭石表面具有良好的分散性并建立了紧密的接触界面。由高分辨图谱可以看出，暴露的晶面为（101）和（004）面，分别对应于 0.348nm 和 0.236nm 的晶格间距。然而，在 CH_3COOH 处理后，TiO_2 的晶格条纹像变弱，表明 CH_3COOH 在降低结晶度和增加 TiO_2 晶格畸变方面具有重要作用，从而促进光催化活性的增强。

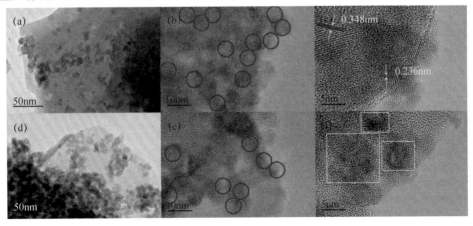

图 4.10　TiO_2/高岭石复合材料和 CH_3COOH 质子化 TiO_2/高岭石复合材料的
透射电镜和高倍透射电镜图

对 TiO$_2$/高岭石复合材料和 CH$_3$COOH 质子化 TiO$_2$/高岭石复合材料 X 射线光电子能谱中的 Ti 2p 和 O 1s 谱线进行分峰拟合，结果如图 4.11 所示。与 TiO$_2$/高岭石复合材料相比，CH$_3$COOH 质子化 TiO$_2$/高岭石复合材料表面没有观察到新峰产生，表明 CH$_3$COOH 质子化过程对元素组成影响不大。从图 4.11 （b）和（e）可以看出，O 1s 光谱可分解为三个峰，分别位于 529.9eV、531.0eV 和 532.3eV 附近。在 529.9eV 和 531.0eV 处的结合能可归因于 O—Ti—O 中的晶格 O^{2-} 以及表面桥联 OH，而 532.3eV 附近的结合能则归因于末端 OH 基团。另外，经 CH$_3$COOH 改性后，O 1s 在 531.0 eV 附近的结合能强度明显增强，这是由于吸附产生了新的羟基基团。酸处理后会产生富羟基的表面，羟基可以充当路易斯酸位点，从而使得不带电的羧酸基团更易物理吸附，这对自由基反应过程中电子跃迁和传输是有利的。对于 Ti 2p 谱，结合能可分为 458.7eV 和 464.4eV 两处贡献，这分别与 Ti 2p$_{3/2}$ 信号和 Ti 2p$_{1/2}$ 信号一致。它们都可以很好地与 TiO$_2$ 中 Ti 元素结合能相对应。此外，Ti 元素信号的轻微峰值移动可归因于质子化过程产生的 Ti—OH 键。综上，XPS 分析表明 CH$_3$COOH 处理有助于形成丰富的表面羟基，对提高光催化活性具有重要作用。

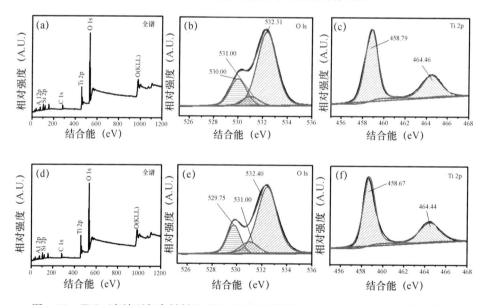

图 4.11　TiO$_2$/高岭石复合材料和 CH$_3$COOH 质子化 TiO$_2$/高岭石复合材料 X 射线
光电子能谱（a, d）全谱扫描，（b, e）O 1s，（c, f）Ti 2p

为了检测光生载流子的分离效率，采用光电流和阻抗谱（EIS）表征了样品的电化学性质，结果如图 4.12 所示。

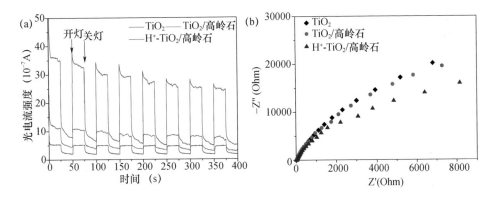

图 4.12 TiO$_2$、TiO$_2$/高岭石和乙酸质子化 TiO$_2$/高岭石的（a）
光电流曲线、（b）阻抗谱曲线

通常，阻抗谱图中观察到的半圆和电流强度与催化电极界面处的转移电阻和电荷量有关。较小的电弧半径和较高的电流强度对应于较高的电子空穴对分离效率。从图中可以看出，CH$_3$COOH 质子化 TiO$_2$/高岭石复合材料具有最小的弧半径和最高的光电流强度，意味着其具有最高的载流子分离效率。这与环丙沙星光催化降解性能一致。

（3）CH$_3$COOH 质子化 TiO$_2$/高岭石复合材料的性能

选择药用抗生素环丙沙星作为目标污染物，采用紫外光和可见光两种光源，研究了不同辐射波长下 CH$_3$COOH 质子化 TiO$_2$/高岭石复合材料的吸光性能和光催化性能，结果如图 4.13 所示。

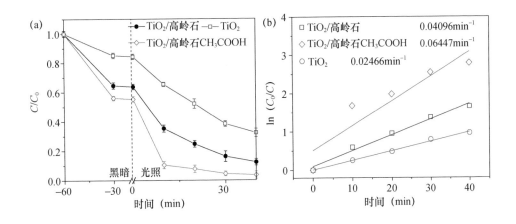

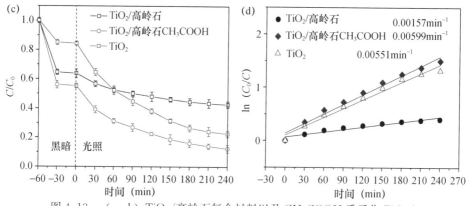

图 4.13 （a，b）TiO₂/高岭石复合材料以及 CH₃COOH 质子化 TiO₂/
高岭石复合材料紫外光下降解环丙沙星及其准一级动力学曲线；
（c，d）TiO₂/高岭石复合材料以及 CH₃COOH 质子化 TiO₂/
高岭石复合材料可见光下降解环丙沙星及其准一级动力学曲线

由图 4.13（a）和（c）可知，在紫外光和可见光条件下，CH₃COOH 质子化 TiO₂/高岭石复合材料比纯 TiO₂ 或 TiO₂/高岭石复合材料具有更高的降解效率，尤其是在紫外光下。降解动力学过程遵循准一级动力学模型［图 4.13（b）和（d）］，CH₃COOH 质子化 TiO₂/高岭石复合材料在紫外光和可见光下对 CIP 降解速率常数分别为 0.06447min^{-1} 和 0.00599min^{-1}，分别是 TiO₂/高岭石复合材料的 1.57 和 3.82 倍，表明 CH₃COOH 质子化 TiO₂/高岭石复合材料具有优异的光催化活性。

4.2.3 N₂ 诱导 TiO₂/高岭石复合材料

（1）N₂ 诱导 TiO₂/高岭石复合材料的制备

具体的制备工艺流程如图 4.14 所示。

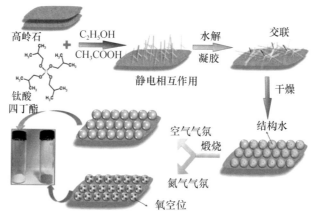

图 4.14 N₂ 诱导 TiO₂/高岭石复合材料制备机理图

具体制备工艺条件如下：首先，在 25℃ 恒温下，将高岭石（1.0g）、乙醇（24.0mL）和乙酸（2.0mL）加入到连续磁搅拌反应装置中，使添加物均匀分散。30min 后，将有机 TBOT 滴入悬浮液中。持续搅拌 30min 后，将水（12mL）和乙醇（12mL）组成的调节液（体积比 $\varphi=100\%$，pH=2）采用蠕动泵逐滴加入。随后，继续磁力搅拌 12h 形成凝胶，将得到的凝胶产品转移到烘箱中，80℃ 下干燥12h，研磨后放入管式气氛炉内煅烧，即得到 TiO_2/高岭石复合光催化材料。煅烧条件如下：采用管式炉，在空气和氮气气氛下，在不同温度下煅烧 2h，升温速度和冷却速度均为 5℃/min，整个煅烧过程气体流速控制在 50mL/min。

（2）N_2 诱导 TiO_2/高岭石复合材料的结构

N_2 和空气气氛下不同煅烧温度的 TiO_2/高岭石复合材料 XRD 分析结果如图 4.15 所示。

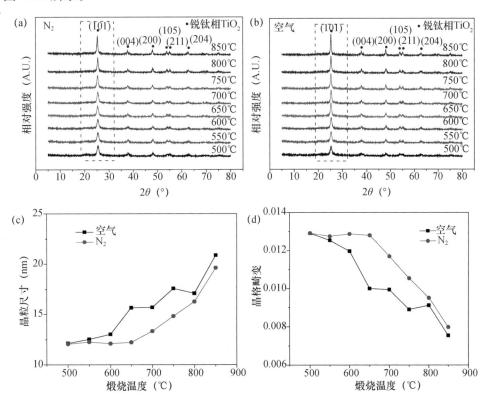

图 4.15　（a，b）N_2 和空气气氛下不同煅烧温度的 TiO_2/高岭石复合材料 XRD 图谱；（c，d）TiO_2/高岭石复合材料晶粒尺寸和晶格畸变变化

对比分析 TiO_2、高岭石以及 TiO_2/高岭石复合材料的 XRD 图谱可以发现，高岭石在煅烧后没有出现明显的特征峰，这主要归因于层间堆叠结构的破坏和脱羟基反应的完成。从 500℃ 到 850℃，高岭石以非晶偏高岭石的形式存在，因此图中没

有明显的高岭石特征峰。随着煅烧温度的升高，复合材料的结晶度逐渐提高，这一点可以从 TiO_2 的（101）峰强度变化看出。与空气气氛改性处理的 TiO_2 相比，N_2 气氛改性处理的 TiO_2/高岭石复合材料中的 TiO_2 特征峰明显变宽，表明 N_2 煅烧过程中产生了严重的晶格畸变。从图 4.15（d）可以进一步证实，N_2 气氛对于晶格应变变化具有显著影响。众多研究表明，表面缺陷和晶体畸变的产生有利于光生载流子的有效分离和转移。基于 Debye-Scherrer 公式计算复合材料中 TiO_2 的平均晶粒尺寸，结果列于图 4.15（c），表明 N_2 条件可有效降低负载的纳米 TiO_2 颗粒的晶粒尺寸。而较小的晶粒尺寸可以极大地增强光催化活性。

进一步采用高分辨率透射电子显微镜（HRTEM）和选区电子衍射（SAED）分析了气氛对复合材料形貌和结晶度的影响，结果如图 4.16 所示。从图 4.16（a）和（g）可以看出，纳米 TiO_2 颗粒均匀致密地分布在高岭石表面。由于天然层状高岭石的存在，明显抑制了纳米 TiO_2 颗粒的团聚。与纯 TiO_2 相比，负载后 TiO_2 晶粒尺寸大大减小。此外，在 N_2 和空气条件下煅烧的 TiO_2/高岭石复合材料均结晶良好，高分辨图可以明显看到晶格间距为 0.35nm 的晶格条纹，这与锐钛矿型 TiO_2 的（101）晶面相对应。然而，与空气条件下制备的 TiO_2/高岭石复合材料相比，N_2 条件下制备的 TiO_2/高岭石复合材料在（101）和（011）晶格平面之间观察到 $82°$ 的界面角，这说明通过 N_2 处理暴露了更多的（011）晶面。（011）晶面相比（101）晶面具有更高的表面能，这是因为其中不规整排列的 Ti、O 原子占较大比例。这些原子在光反应中作为活性中心，可以促进氧空位的形成，提高光催化活性。另外，图 4.16（e）和（f）及（k）和（l）给出了 N_2 和空气条件下复合材料的 SAED 图，从图中可以看到典型的锐钛矿型 TiO_2 的同心衍射环。整体上来说，TiO_2/高岭石复合材料体系为多晶结构，有利于复合材料光催化活性的提高。

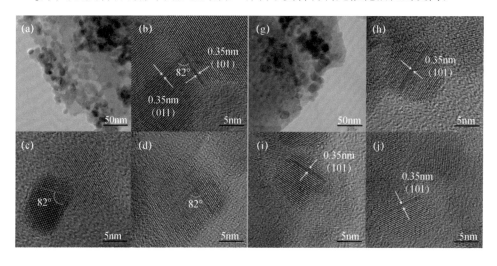

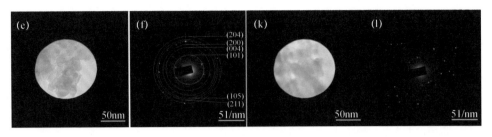

图 4.16　(a，b，c 和 d) N_2 气氛下 TiO_2/高岭石复合材料（800℃）透射电镜图；

(e 和 f) N_2 气氛下 TiO_2/高岭石复合材料（800℃）选区电子衍射图；

(g，h，i 和 j) 空气气氛下 TiO_2/高岭石复合材料（800℃）透射电镜图；

(k 和 l) 空气气氛下 TiO_2/高岭石复合材料（800℃）选区电子衍射图

图 4.17 所示为 N_2 气氛对 TiO_2/高岭石复合材料 UV-Vis DRS、Raman 和 FTIR 吸收光谱的影响。如图 4.17 (a) 所示，N_2 气氛下的 TiO_2/高岭石复合材料在紫外光和可见光照射下都表现出较高的吸收能力。TiO_2/高岭石复合材料的可见光吸收能力随着煅烧温度的升高而逐渐降低，这是因为高温可能会导致晶体结构特性改变、晶粒尺寸增大，进而导致催化性能降低。N_2 气氛强化了复合材料在宽光谱范围内的光吸收，这在光催化反应过程中起着至关重要的作用，因为更多的光子将在单位时间内被吸收和利用。根据不同煅烧温度下的环丙沙星降解结果，采用煅烧温度为 800℃ 的样品进行了进一步表征研究。图 4.17 (b) 是 TiO_2/高岭石复合材料在 N_2 和空气条件下的拉曼光谱。在 $3E_g$（144、196 和 639cm^{-1}）、$2B_{1g}$（397 和 519cm^{-1}）和 $1A_{1g}$（513cm^{-1}）处出现了六个拉曼特征峰，这是典型的锐钛矿相 TiO_2 的拉曼光谱特征峰。在 N_2 气氛下的复合材料的特征峰相比于空气气氛产生了轻微的红移，并且显著增强和宽化，这主要是因为 N_2 气氛下 TiO_2/高岭石复合材料富含内在氧空位缺陷。现有研究表明，有限的晶粒尺寸（<10nm）或缺陷诱导缩短粒子距离会导致声子限域效应。该效应解释了拉曼光谱基线不规则的原因。FTIR 分析表明，在 3400~3450cm^{-1} 和 2920cm^{-1} 附近有强而宽的峰，这是由于水分子和表面羟基的拉伸振动引起的。1085cm^{-1} 左右的显著峰可归于 Si—O 和 Al—O 伸缩振动。在大约 460cm^{-1} 吸收带处的特征峰可归因于 Ti—O 振动吸收。在 N_2 气氛下，由于晶格氧的去除和还原态 TiO_2 上 Ti^{3+} 的形成，产生了部分红移。

图 4.18 所示是 N_2 和空气气氛下改性 TiO_2/高岭石复合材料的 O 1s 和 Ti 2p 谱线以及相应的拟合谱线，图 4.18 则提供了两种改性条件下 N 1s 的谱线信息。从全谱扫描可以看出，N_2 气氛下改性样品比空气气氛下改性样品具有更高的强度，表明 Ti 和 O 原子从钛原子阵列以及晶格氧中发生了部分迁移。

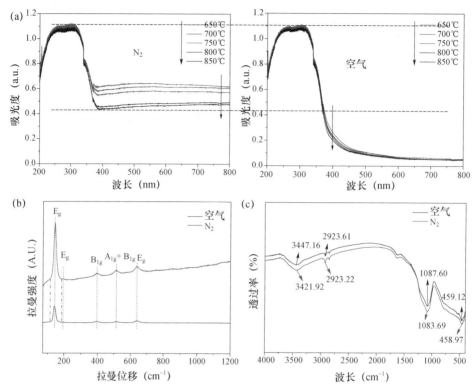

图4.17　(a) N_2 和空气气氛下 TiO_2/高岭石复合材料（800℃）
紫外-可见漫反射光谱图；(b, c) N_2 和空气气氛下 TiO_2/
高岭石复合材料（800℃）拉曼和傅里叶红外光谱图

O 1s 谱线通过拟合可以分成三个峰 [图4.18（b）和（e）]。其中，529.6 和 531.0eV 处的峰分别归因于 Ti—O 和表面—OH。而大约在 532.2eV 的峰则与吸附的表面 H_2O 有关。在 N_2 气氛下，529.6eV 左右的峰强度明显增强，这可能是由于钛元素逸出和内部缺陷的产生，一些吸附的羟基与逸出钛结合后趋于脱水形成的 Ti—O 键。对于 Ti 2p 谱线，Ti 2p 谱线主要可分为两部分。主要贡献位于 458.5eV 附近，该峰与 Ti $2p_{3/2}$ 信号一致，而第二贡献位于 464.3eV 附近，与 Ti $2p_{1/2}$ 信号一致，两者都很好地与 TiO_2 的 XPS 谱线相符合。另外，大约 460.1eV 处的特征峰可归因于 TiO，表明由于氧空位，二氧化钛中存在 Ti（Ⅱ）氧化物。根据 N_2 和空气条件下样品中结合能的位置以及 N 1s 的峰面积很小可以推断在 TiO_2 的晶格内并没有发生 N 取代 O，形成晶格 N（Ti—N）。XPS 的分析结果进一步表明 N_2 气氛在 TiO_2/高岭石表面及体内形成大量氧空位过程中起重要作用。而 N 1s 谱线的分析结果说明了光催化的增强机理是由于氧空位的构建而不是 N 掺杂。

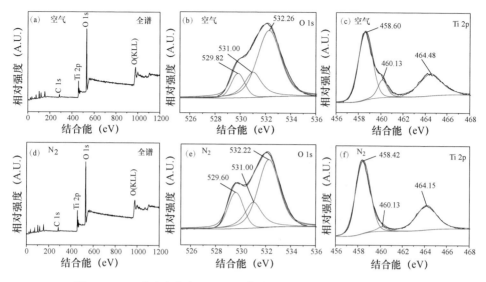

图 4.18　N₂ 和空气气氛下 TiO₂/高岭石复合材料（800℃）X 射线
光电子能谱（a，d）全谱扫描，（b，e）O 1s 和（c，f）Ti 2p

（3）N₂ 诱导 TiO₂/高岭石复合材料的性能

图 4.19 所示为紫外光、太阳光和可见光下复合材料降解环丙沙星的测试结果。由图 4.19 可以看出，采用高岭石作为载体的样品与纯 TiO₂ 相比表现出更高的吸附能力，这有利于对目标污染物的吸附和降解。而在光催化活性方面，N₂ 气氛改性处理的 TiO₂/高岭石复合材料活性明显高于其他对照样品，这是因为 N₂ 气氛改性处理的 TiO₂/高岭石复合材料表面产生了大量的氧空位，而氧空位带正电荷，因此，最近的 Ti 原子倾向于远离空位并朝向剩余的 O 邻位移动，导致 Ti—O 键长度减小和键合能增加。不同样品对环丙沙星的光催化降解遵循图 4.19（b，d 和 f）所示的准一级动力学。在紫外光、太阳光和可见光下，N₂ 气氛改性处理的 TiO₂/高岭石复合材料对 CIP 的降解速率常数分别为 0.06144min^{-1}、0.00596min^{-1} 和 0.00116min^{-1}，分别是纯 TiO₂ 的 7.00、2.54 和 3.13 倍，同时高于空气气氛制备的 TiO₂/高岭石复合光催化材料。光催化降解的结果与上述材料表征分析的结果一致。

考虑到所制备的样品对水体污染物（CIP）具有优异的降解能力，作者进一步研究了 N₂ 气氛改性处理的 TiO₂/高岭石复合材料对典型 VOC（甲醛）的降解性能（图 4.20）。从图中可以看出，在可见光或紫外光条件下，与 N₂ 气氛改性处理的纯 TiO₂ 相比，N₂ 气氛改性处理的 TiO₂/高岭石复合材料在宽光谱范围内对甲醛的去除率提高了近 2 倍，表明氧空位诱导可以显著增强 TiO₂/高岭石复合材料的光催化性能。

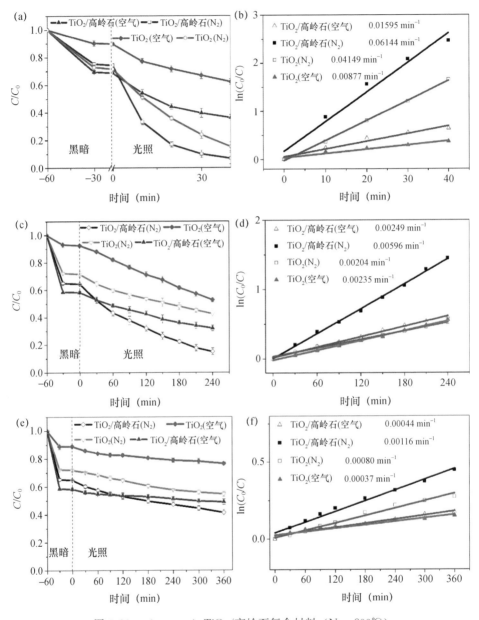

图 4.19　(a，c，e) TiO₂/高岭石复合材料（N₂，800℃）

在紫外光、太阳光、可见光下降解环丙沙星性能，

（b，d，f) TiO₂/高岭石复合材料（N₂，800℃）在紫外光、

太阳光、可见光下降解环丙沙星准一级动力学曲线

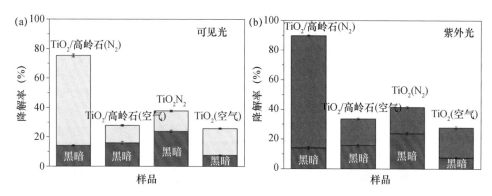

图 4.20　TiO_2/高岭石复合材料（N_2，800℃）及对照样品在可见光（a）和
紫外光（b）下降解甲醛性能

4.2.4　g-C_3N_4 改性修饰 TiO_2/高岭石复合材料

（1）g-C_3N_4 改性修饰 TiO_2/高岭石复合材料的制备

本研究采用温和的溶胶凝胶法，结合化学剥离和自组装制备了一种类似"三明治"结构的新型三元 g-C_3N_4/TiO_2/高岭石复合材料。其制备工艺过程如图 4.21 所示。

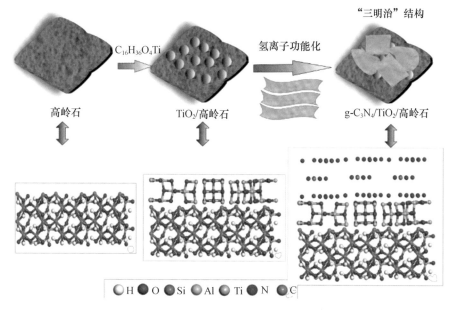

图 4.21　g-C_3N_4/TiO_2/高岭石复合材料制备示意图

具体制备工艺条件如下：首先，在25℃恒温下，将高岭石（1.0g）、乙醇（24.0mL）和乙酸（2.0mL）加入到连续磁搅拌反应装置中，使添加物均匀分散。30min后，将有机TBOT滴入悬浮液中。持续搅拌30min后，将水（12mL）和乙醇（12mL）组成的调节液（体积比$\varphi=100\%$，pH＝2）采用蠕动泵逐滴加入。随后，继续磁力搅拌12h形成凝胶，将得到的凝胶产品转移到烘箱中，80℃下干燥12h，研磨后放入管式气氛炉内煅烧，即得到TiO_2/高岭石复合光催化材料。煅烧条件如下：500℃下在空气中煅烧2h，加热速率为5℃/min。采用与TiO_2/高岭石复合材料类似的方法制备纯TiO_2作为对照样品。

g-C_3N_4粉末的制备方法如下：在带盖氧化铝坩埚中加入15g双氰胺，然后以2.3℃/min的加热速率加热到550℃，保温煅烧4h。之后自然冷却，冷却至室温后，将所得黄色产物收集并研磨成粉末待进一步使用。

g-C_3N_4/TiO_2/高岭石复合材料制备步骤如下：（1）将合成的TiO_2/高岭石复合材料置于硫酸溶液（5mol/L，50mL）中，TiO_2/高岭石复合材料中TiO_2的理论含量约为41.35%；（2）将0.295g制备的g-C_3N_4粉末加入上述溶液中，在25℃下连续搅拌24h；（3）将所得产物离心并过滤至中性，在80℃干燥12h，最后研磨。最终所得的g-C_3N_4/TiO_2/高岭石复合材料中，非均相g-C_3N_4/TiO_2的理论负载量为50.0%。此外，还制备了g-C_3N_4/高岭石和g-C_3N_4/TiO_2作为对照材料，制备方法如下：在硫酸溶液（5mol/L，50mL）中加入1g高岭石和1g g-C_3N_4，在25℃下搅拌24h，离心过滤得到g-C_3N_4/高岭石；将0.6g g-C_3N_4和1.4g TiO_2加入50mL硫酸溶液（5mol/L）中，在25℃下搅拌24h后，离心、过滤至中性，制得g-C_3N_4/TiO_2复合材料。

（2）g-C_3N_4改性修饰TiO_2/高岭石复合材料的结构

高岭石、TiO_2/高岭石、TiO_2、g-C_3N_4和g-C_3N_4/TiO_2/高岭石的X射线衍射图如图4.22（a）所示。高岭石的XRD图谱清晰地显示了高岭石（001）晶面在12.28°处的衍射峰，用Bragg方程计算得到d间距为0.72nm，与标准卡片图案（JCPDS No.14-0164）相符。另外，在24.82°、38.34°和62.26°处的特征峰与三斜晶系高岭石的（002）、（－202）和（060）晶面相匹配。对复合材料进行分析，发现复合材料中的高岭石特征峰消失，包括TiO_2/高岭石和g-C_3N_4/TiO_2/高岭石，这是由于煅烧过程中高岭石层间的堆叠羟基损失以及脱羟基反应的完成。单一的g-C_3N_4显示出高结晶性（JCPDS 881526），并观察到12.74°和27.60°的两个特征峰。纯TiO_2在25.36°、37.84°、48.12°、53.96°、55.16°、62.76°处的特征峰对应于锐钛矿型TiO_2（JCPDS 21-1272）的（101）、（004）、（200）、（105）、（211）和（204）晶面。此外，g-C_3N_4/TiO_2/高岭石复合材料中TiO_2的（101）衍射峰和g-C_3N_4的（002）衍射峰与对比样品相比略有偏移

［图 4.22（b）］，表明 g-C$_3$N$_4$/TiO$_2$/高岭石复合材料中产生晶格畸变，三元非均相异质体系构建成功。根据 Debye-Scherrer 方程，计算并列出了纯 TiO$_2$、TiO$_2$/高岭石和 g-C$_3$N$_4$/TiO$_2$/高岭石复合材料的平均晶粒尺寸（表 4.3）。从表中可以发现：高岭石负载后，TiO$_2$ 的晶粒尺寸从大约 30nm 下降到 14nm，说明高岭石载体可以有效控制负载型 TiO$_2$ 纳米颗粒的粒径。

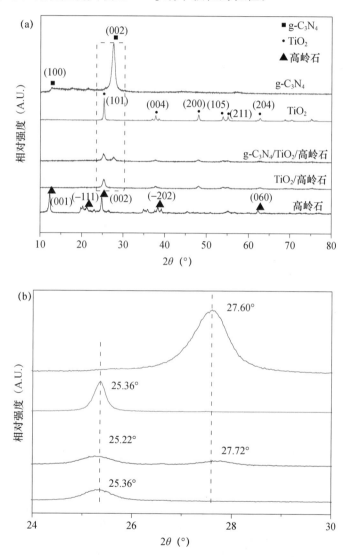

图 4.22　（a）g-C$_3$N$_4$/TiO$_2$/高岭石复合材料及其对照材料 XRD 图谱；
（b）图（a）中区域放大图

表 4.3　g-C₃N₄/TiO₂/高岭石复合材料及其对照材料表面和结构特性

样品	BET 比表面积 (m²/g)	孔体积 (cm³/g)	平均孔径 (nm)	TiO₂晶粒尺寸 (nm)
高岭石	22.507	0.048	8.587	—
TiO₂	28.946	0.079	10.943	30.40
g-C₃N₄	24.901	0.051	8.151	—
g-C₃N₄/TiO₂/高岭石	51.596	0.100	7.768	14.21

图 4.23 所示为高岭石（a）、TiO₂/高岭石（b）、TiO₂（c）、g-C₃N₄（d）和 g-C₃N₄/TiO₂/高岭石（e）的形貌和微观结构。由图 4.23 可见，高岭石是由许多平行纳米片组成，具有层状结构，其宽度为 0.3～1μm，厚度为 10～20nm。高岭石表面光滑、规则且无杂质。由图 4.23（c）可见，由于高比表面能，TiO₂ 团聚严重。而由图 4.23（b）则可以看出，TiO₂/高岭石很好地解决了纯 TiO₂ 的团聚和高表面能问题。对于纯 g-C₃N₄，在热聚合过程中，由于二维纳米片相互聚集和堆积，形成了具有褶皱结构的体相形貌［图 4.23（d）］。对于 g-C₃N₄/TiO₂/高岭石复合材料［图 4.23（e）］，具有明显的三维类似"三明治"结构。这种组装也获得了紧密的界面结合和高度暴露的边缘，显著增加了活性位点的数量，并且有利于反应过程中载流子的转移和迁移。与对照材料相比，g-C₃N₄/TiO₂/高岭石复合材料明显呈疏松多孔状。图 4.23（f）和（g）所示的 g-C₃N₄/TiO₂/高岭石复合材料高分辨率透射电子显微镜（HRTEM）表征结果表明，在高岭石表面分布了致密均匀的纳米 TiO₂ 颗粒，引入 g-C₃N₄ 后形成了独特的"三明治"结构，与 SEM 观察相吻合。

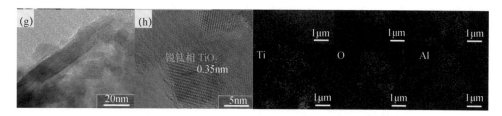

图 4.23 （a）高岭石，（b）TiO_2/高岭石，（c）TiO_2，

（d）g-C_3N_4，（e）g-C_3N_4/TiO_2/高岭石复合材料扫描电镜图；

（f，g 和 h），g-C_3N_4/TiO_2/高岭石复合材料高倍透射图；

（l）g-C_3N_4/TiO_2/高岭石复合材料能谱图和元素面扫图

为了进一步明晰 TiO_2、g-C_3N_4 和高岭石在 g-C_3N_4/TiO_2/高岭石复合材料中的作用，用 N_2 吸附-解吸等温测试研究了 g-C_3N_4/TiO_2/高岭石复合材料以及对照样品的比表面积和孔结构，如图 4.24 所示。

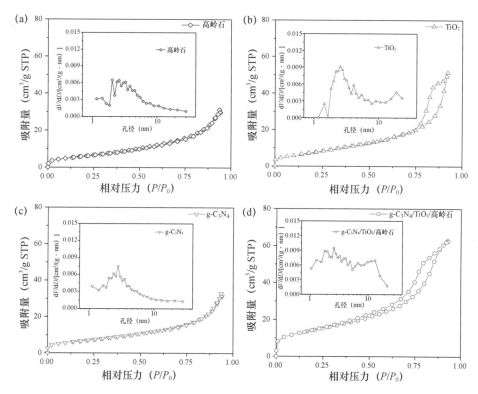

图 4.24 （a）高岭石，（b）TiO_2，（c）g-C_3N_4，（d）g-C_3N_4/TiO_2/高岭石复合材料氮气等温吸脱附曲线及 BJH 孔径分布曲线

TiO_2 和 g-C_3N_4/TiO_2/高岭石复合材料的 N_2 吸附-解吸等温曲线呈现出具有

H3 滞后环的Ⅳ型吸附类型，具有介孔结构的特征。然而，高岭石和 g-C₃N₄ 呈现典型的Ⅱ型吸附类型，表明其介孔较少，大孔较多。g-C₃N₄/TiO₂/高岭石复合材料的比表面积和总孔体积高于高岭石、TiO₂ 和 g-C₃N₄。g-C₃N₄/TiO₂/高岭石复合材料具有较大的比表面积和孔体积，具有独特的"三明治"结构，生成了更多的吸附和反应位点（可以有效促进催化活性的提高）。用 Barrett-Joyner-Halenda（BJH）法计算平均孔径可得，与其他对比样品相比，g-C₃N₄/TiO₂/高岭石复合材料在 1～20nm 具有较宽的孔径分布。同时，研究还发现 g-C₃N₄/TiO₂/高岭石复合材料具有最小的平均孔径（7.768nm），这对于目标污染物的吸附、迁移和降解具有重要作用。

图 4.25 展示了所制备样品的紫外-可见漫反射光谱（UV-Vis DRS）。如图 4.25（a）所示，高岭石在全波长范围内表现出较低的光吸收能力，这可归因于其矿物组成和结构的光散射效应。此外，纯 TiO₂ 在 405nm 左右呈现出吸收边，对应于 Ti⁴⁺（O 2p-Ti 3d）从 O²⁻ 反键轨道到最低空轨道的电子跃迁。对于 g-C₃N₄/TiO₂/高岭石复合材料，与 TiO₂ 和 TiO₂/高岭石相比，发现其光吸收边延伸到 455nm 左右，产生了部分红移，这有助于对可见光的吸收。此外，与单一 g-C₃N₄ 相比，复合材料在可见光区 450～800nm 范围内吸光能力显著增强。这表明所构建的"三明治"结构可以提高对可见光的利用效率。基于 Kubelka-Munk 函数与光能的变换获得的曲线如图 4.25（b）所示，通过将 Kubelka-Munk 函数曲线的线性区域外推到光子能量轴上，估算样品的光学带隙，发现 TiO₂/高岭石、TiO₂、g-C₃N₄ 和 g-C₃N₄/TiO₂/高岭石的光学带隙分别为 3.10eV、3.05eV、2.72eV 和 2.72eV。总体来说，合成的 g-C₃N₄/TiO₂/高岭石复合材料具有最低的带隙，这意味着在单位时间内可以依靠中间能级，吸收利用更多的可见光光子。

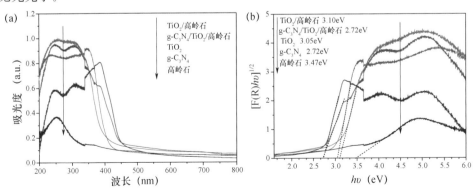

图 4.25 高岭石，TiO₂/高岭石，TiO₂，g-C₃N₄ 和 g-C₃N₄/TiO₂/高岭石
复合材料（a）紫外-可见漫反射光谱，（b）能带图

（3）g-C$_3$N$_4$改性修饰TiO$_2$/高岭石复合材料的性能

在可见光照射下，通过水相中环丙沙星（CIP）的降解效果来评价样品的光催化活性。环丙沙星的降解程度通过测量反应残余溶液的吸光度来表征。从图4.26（a）可以看出，对于单一催化剂TiO$_2$、g-C$_3$N$_4$和P25来说，反应4h后去除率只有35%左右，g-C$_3$N$_4$/TiO$_2$/高岭石复合材料体系最终去除率可达92%左右，明显高于其他对比样品。这可能是由于光催化剂的禁带不同所致；同时，对于g-C$_3$N$_4$/TiO$_2$/高岭石复合材料来说，与其他对比样品（包括g-C$_3$N$_4$/TiO$_2$）相比，其吸附能力更强，这主要是因为高岭石层状表面具有丰富的吸附和反应位点。所有样品在经过1h暗吸附后均达到吸脱附平衡，如图4.26（a）暗反应区所示。

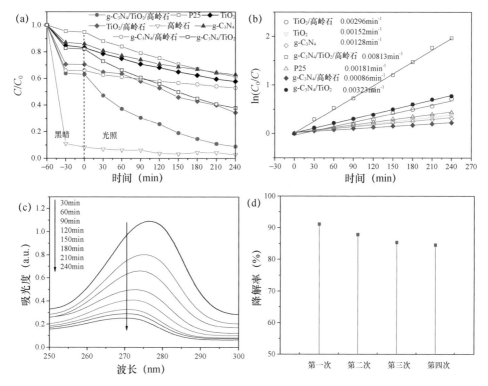

图4.26　（a）g-C$_3$N$_4$/TiO$_2$/高岭石复合材料及其对照样品可见光下降解
环丙沙星曲线；（b）对应的准一级动力学曲线；（c）g-C$_3$N$_4$/TiO$_2$/
高岭石复合材料降解环丙沙星过程吸光度随时间变化；（d）g-C$_3$N$_4$/TiO$_2$/
高岭石复合材料降解环丙沙星的重复利用性能

如图4.26（b）所示，光催化降解遵循准一级动力学模型，g-C$_3$N$_4$/TiO$_2$/高岭石复合材料反应速率常数为0.00813min^{-1}，分别约为纯TiO$_2$、P25和

g-C₃N₄ 的 5.35、4.49 和 6.35 倍，表明在层状高岭石上构建具有增强可见光吸收能力和化学键合的可有效分离载流子的异质结构能显著提升复合材料的光催化活性。

以常见的水生微生物金黄色葡萄球菌（S. aureus）为细菌代表性污染物，进一步评价所合成的复合材料的光催化抗菌效果，结果如图 4.27 所示，在所有样品的暗反应对照实验中，没有观察到明显的细菌灭活，这表明复合光催化剂对金黄色葡萄球菌细胞具有无毒性。在可见光照射 5h 后，发现在对照条件下（仅有光照），几乎没有金黄色葡萄球菌被灭活，高岭石也显示了可以忽略不计的灭菌效率。但是，对于 g-C₃N₄/TiO₂/高岭石复合材料，其活性明显高于其他对照样品，说明天然层状高岭石与 g-C₃N₄/TiO₂ 耦合形成的 Ⅱ 型异质结之间完成了有效组装。

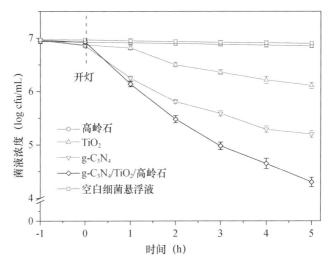

图 4.27 g-C₃N₄/TiO₂/高岭石复合材料及其对照样品对金黄色葡萄球菌的杀菌效率（1×10⁷ cfu/mL，60mL）

4.3 g-C₃N₄/高岭石复合材料的制备、结构与性能

4.3.1 g-C₃N₄/高岭石复合材料

固定矿物载体水洗高岭石的用量，利用浸渍-热聚合联用法，制备 g-C₃N₄/高岭石复合材料（CN/KA）。g-C₃N₄ 前驱体用量分别为：0g、2g、4g、6g、8g、10g 和 12g，得到的材料分别命名为 KA、2-CN/KA、4-CN/KA、6-CN/KA、8-CN/KA、10-CN/KA 和 12-CN/KA。其具体的制备工艺流程图如图 4.28 所示。

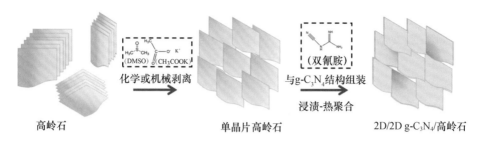

化学或机械剥离

与g-C₃N₄结构组装

浸渍-热聚合

高岭石 　　　　　　　　单晶片高岭石 　　　　　　　　2D/2D g-C₃N₄/高岭石

图 4.28　g-C₃N₄/高岭石复合材料制备工艺流程图

图 4.29 为 550℃ 下煅烧 4h 得到的不同负载量 CN/KA 复合材料的 XRD 谱图。在 2θ 为 12.43°、20.00°、25.01° 和 38.57° 处的衍射峰分别对应高岭石（JCPDS 29-1490）的（001）、（020）、（002）和（200）晶面。在 CN/KA 复合材料的 XRD 图中仅在 27.6° 处出现了明显的衍射峰，对应于 g-C₃N₄ 催化剂（JCPDS 87-1526）中的（002）晶面，来源于 g-C₃N₄ 共轭芳香体系的层间堆叠；却未出现对应 g-C₃N₄ 催化剂的（100）晶面的特征峰，可能是因为 g-C₃N₄ 位于 13.1° 处的特征峰强度往往比较低，且复合材料中 g-C₃N₄ 的含量不高，使得该处特征峰很难被观察到。此外，高岭石的几处特征峰也没有出现在复合材料的谱图中，说明复合材料中的高岭石载体在经过煅烧处理后变得非晶化。随着复合材料中 g-C₃N₄ 的含量增加，（002）晶面的衍射峰强度逐渐增强，且衍射峰的角度比 CN 的稍高，说明复合材料中 g-C₃N₄ 的含量在逐渐增加，同时高岭石的引入造成 g-C₃N₄ 的晶面间距有所减小。

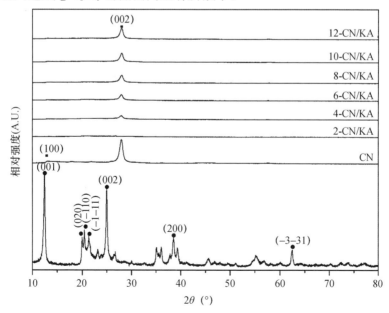

图 4.29　不同负载量的 CN/KA 复合材料的 XRD 谱图

图 4.30 为 KA、CN 以及 CN/KA 样品的 SEM 图。从图 4.30（a）和（b）可知，KA 是典型的二维层状结构，颗粒边缘平直，较自形，呈六方片形，重叠片层较多，少量 KA 由于发生卷曲形成卷曲程度不同的纳米卷；但 KA 的片层状表面相对光滑，有利于 g-C$_3$N$_4$ 在其表面的负载。由图 4.30（c）和（d）可知，CN 在高温缩聚过程中的团聚现象非常严重，造成材料比表面积低，不利于光催化过程中与污染物分子的接触及光生载流子的迁移，造成量子效率低下。由图 4.30（e）和（f）可知，CN/KA 复合材料仍保持高岭土原有的片层状结构，但片层表面已经变得粗糙，边缘也平滑了很多。这种微观结构的变化表明 g-C$_3$N$_4$ 成功负载到了高岭石表面并发生了有效的界面结合。与样品 CN 相比，载体 KA 的引入使 g-C$_3$N$_4$ 在 CN/KA 复合材料体系中分散性得到有效提高，这有利于对污染物分子的捕捉吸附及便于载流子迁移，从而有效提升了复合材料的光催化性能。

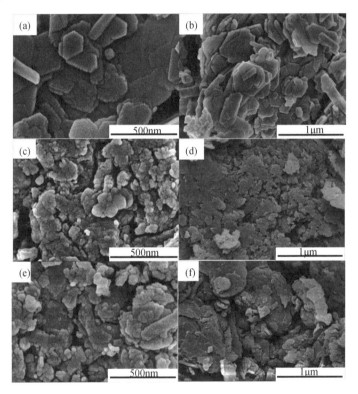

图 4.30　KA（a 和 b）、CN（c 和 d）以及 CN/KA（e 和 f）样品的 SEM 图

图 4.31 为 KA、CN 和 4-CN/KA 样品的傅里叶变换红外光谱图。KA 的红外图中位于波长 3689cm^{-1} 的吸收带属于高岭石内表面羟基伸缩振动特征峰；3621cm^{-1} 处的吸收带是由内羟基伸缩振动引起的；1619cm^{-1} 处的吸收带说明了

共插层水分子的存在。1000～1100cm^{-1} 范围内的吸收带是由 Si-O 伸缩振动引起的；917cm^{-1} 处的吸收带为 Al—OH 的弯曲振动峰；787cm^{-1}、757cm^{-1} 和 695cm^{-1} 处的吸收带是由 O—Al—OH 的振动吸收引起的；540cm^{-1} 处的吸收带是 Al—O—Si 变形导致；465cm^{-1} 和 434cm^{-1} 处的吸收带对应 Si—O 和 Si—O—Si 的变形。样品 CN 主要有三类特征红外吸收带。其中，3000～3300cm^{-1} 范围内的宽吸收带对应于芳香环的 NH$_2$ 或 NH 基团伸缩振动，来自 g-C$_3$N$_4$ 的不完全缩聚；1200～1700cm^{-1} 范围内的特征吸收带来自 C-N 和 CN 杂环的典型伸缩振动；位于 800cm^{-1} 处的吸收峰与三嗪环的振动有关。在 4-CN/KA 的红外光谱图中既存在 g-C$_3$N$_4$ 的三处特征红外吸收带，也具有高岭石处于 800～1100cm^{-1} 范围内的特征吸收带，但强度相比纯单一样品减弱了很多，表明 g-C$_3$N$_4$ 纳米片状结构已成功附着在层状高岭石表面上。

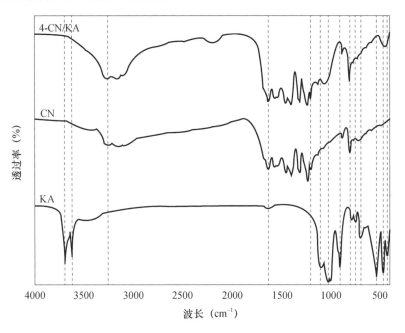

图 4.31　KA、CN 和 4-CN/KA 样品的傅里叶变换红外光谱图

固定复合材料的煅烧温度为 550℃，煅烧时间为 4h，改变负载量制备得到的 g-C$_3$N$_4$/高岭石复合材料在可见光下降解染料罗丹明 B 的光催化性能，试验结果如图 4.32（a）所示。试验中，KA 的吸附性能优良，在可见光下对染料罗丹明 B 基本不具备光催化性能；而 CN 的吸附性能明显不如 KA，但在可见光下对染料罗丹明 B 具备较好的光催化性能；不同负载量的 g-C$_3$N$_4$/高岭石复合材料既具备吸附性能，也具备优良的可见光催化性能。g-C$_3$N$_4$/高岭石复合材料的吸附性能明显优于 g-C$_3$N$_4$，且其光催化性能较 g-C$_3$N$_4$ 也有了较大提升。其中 4-CN/

KA 在可见光下对染料罗丹明 B 的光催化性能最优。根据热重（TG）的结果，4-CN/KA 的实际负载量为 38.82％。这主要是因为在复合材料中 g-C_3N_4 均匀分布在载体高岭石的表面上，有效解决了 g-C_3N_4 由于热团聚而导致的量子效率低下问题。同时，高岭石与 g-C_3N_4 催化剂的有效结合不仅使复合材料具备了优良的吸附性能，而且光催化性能也得到了有效提高。但当三聚氰胺的用量超过 4g 后，制备得到的 g-C_3N_4/高岭石复合材料对罗丹明 B 的吸附性能和光催化性能却开始降低；这可能是由于三聚氰胺用量过高，载体矿物表面上附着的 g-C_3N_4 因过量而发生团聚问题，反而堵塞了复合材料中原本的孔隙结构，使复合材料对罗丹明 B 的吸附性能下降，进而光催化性能也有所降低。

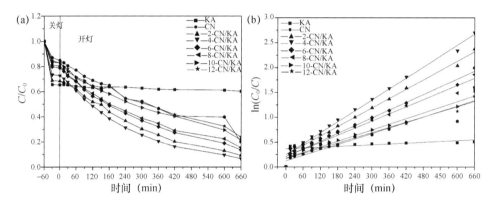

图 4.32　（a）可见光下不同负载量的 CN/KA 复合材料对罗丹明 B 的
光催化降解曲线以及（b）准一级动力学曲线

图 4.32（b）为不同负载量的 g-C_3N_4/高岭石复合材料在可见光下降解罗丹明 B 的准一级反应动力学曲线，其反应速率常数 k 和线性相关系数 R^2 见表 4.4。结果表明：对不同负载量的 g-C_3N_4/高岭石复合材料在可见光下对染料的降解反应速率的线性拟合效果很好，可直观地发现 KA 基本没有光催化性能，反应速率为 $2.7756 \times 10^{-4} min^{-1}$；而 CN 对罗丹明 B 的降解反应速率为 $0.0018 min^{-1}$，不同负载量的 g-C_3N_4/高岭石复合材料的拟合反应速率均高于 CN，说明 g-C_3N_4 与高岭石的结合确实有效地提高了光催化剂的性能。其中，4-CN/KA 在可见光下对罗丹明 B 的降解效果最好，其反应速率达到 $0.0037 min^{-1}$。随着负载量的增加，复合材料的光催化性能却开始下降。这主要是因为复合材料中 g-C_3N_4 的含量过高，过量的 g-C_3N_4 在载体上发生了团聚，光催化剂的比表面积反而发生下降，造成量子效率降低。当三聚氰胺用量超过 10g 后，复合材料的光催化性能已经降低至与纯 g-C_3N_4 基本相同。

表 4.4　不同负载量的 CN/KA 复合材料在可见光下降解罗丹明 B 的准一级动力学参数

样品	准一级		
	拟合方程	k（min^{-1}）	相关系数（R^2）
KA	$y = 2.7756 \times 10^{-4} x + 0.3662$	2.7756×10^{-4}	0.97
CN	$y = 0.0018x + 0.1239$	0.0018	0.91
2-CN/KA	$y = 0.0031x + 0.2505$	0.0031	0.98
4-CN/KA	$y = 0.0037x + 0.2493$	0.0037	0.99
6-CN/KA	$y = 0.0026x + 0.2092$	0.0026	0.98
8-CN/KA	$y = 0.0024x + 0.2119$	0.0024	0.97
10-CN/KA	$y = 0.0019x + 0.1781$	0.0019	0.97
12-CN/KA	$y = 0.0017x + 0.1707$	0.0017	0.96

4.3.2　氰尿酸改性修饰 g-C_3N_4/高岭石复合材料

（1）氰尿酸改性修饰 g-C_3N_4/高岭石复合材料的制备

固定 g-C_3N_4/高岭石复合材料的负载量为 38.82%，在复合材料前驱体的制备过程中添加不同用量的氰尿酸，进而采用热聚合法制备出改性的 g-C_3N_4/高岭石复合材料（m-g-C_3N_4/高岭石复合材料）。当改性剂用量分别为 0%、8.33%、16.67%、33.33%、50.00% 以及 66.67% 时。所得复合材料分别命名为 CN/KA、m-CN/KA-1、m-CN/KA-2、m-CN/KA-3、m-CN/KA-4 以及 m-CN/KA-5。具体制备工艺流程示意如图 4.33 所示。

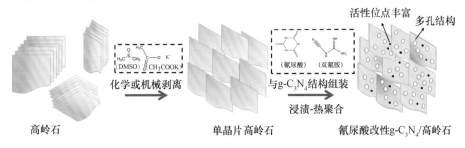

图 4.33　氰尿酸改性修饰 g-C_3N_4/高岭石复合材料制备工艺流程图

（2）氰尿酸改性修饰 g-C_3N_4/高岭石复合材料的结构

图 4.34 为改变改性剂用量得到的 m-g-C_3N_4/高岭石复合材料的 XRD 谱图。不同改性用量的复合材料的谱图非常接近。图谱中仅有一处明显的衍射峰，位于 27.6° 处，其对应 g-C_3N_4 的（002）晶面的衍射峰，来源于芳香体系的层间堆叠。与样品 CN 相比，复合材料在该处的特征峰向高角度略有偏移，说明氰尿酸的加入使复合材料中 g-C_3N_4 的晶面间距有所减小。此外，高岭石的几处特征峰也没有出现

在复合材料的谱图中，表明复合材料中的高岭石在煅烧处理后由晶相转变成非晶相。

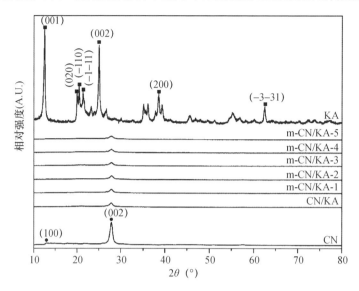

图 4.34　不同改性剂用量的 m-CN/KA 复合材料的 XRD 谱图

图 4.35 为 CN/KA 和 m-CN/KA-5 样品的 SEM 图。对比 CN/KA 和 m-CN/KA-5 微观形貌，可以发现，两者的微观形貌非常接近，但 CN/KA 样品边缘较为光滑，而 m-CN/KA-5 样品表面的"毛刺"结构明显较多。这主要可能是由于氰尿酸均匀分散在复合改性材料前驱体中，在煅烧过程中氰尿酸会挥发完全，从而在制备得到的复合改性材料中留下丰富的孔隙空间和反应活性位点。综上所述，氰尿酸的主要作用是修饰 g-C$_3$N$_4$ 材料的孔隙结构，同时对 m-CN/KA-5 样品的表面形貌有一定的影响。

图 4.35　CN/KA（a 和 b）及 m-CN/KA-5（c 和 d）样品的 SEM 图

不同改性剂用量的 m-g-C$_3$N$_4$/高岭石复合材料的 BET 比表面积、孔体积及平均孔径数据见表 4.5。由表可知，随着氰尿酸用量的增加，复合材料的比表面积和孔体积也随之增大。当氰尿酸用量增加到 66.67％时，m-g-C$_3$N$_4$/高岭石复合材料的比表面积比 CN/KA 复合材料增加了近一倍，孔体积也有了很大的提高。g-C$_3$N$_4$ 的三聚氰胺与氰尿酸结构相近，在煅烧过程中会热聚合在一起，但氰尿酸在 550℃已经完全挥发，从而在煅烧产物结构中留下了发达的孔道结构和反应活性位点。

表 4.5 不同改性剂用量的 m-CN/KA 复合材料的 BET 比表面积、孔体积及平均孔径

样品	BET 比表面积（m^2·g^{-1}）	孔体积（cm^3·g^{-1}）	平均孔径（nm）
KA	22.957	0.059	6.979
CN	29.672	0.066	7.100
CN/KA	27.378	0.062	6.610
m-CN/KA-1	19.075	0.056	7.882
m-CN/KA-2	33.835	0.066	6.445
m-CN/KA-3	41.632	0.076	6.434
m-CN/KA-4	38.519	0.082	7.109
m-CN/KA-5	49.522	0.088	6.251

不同改性剂用量的 m-g-C$_3$N$_4$/高岭石复合材料的 N$_2$ 等温吸脱附以及 BJH 孔体积孔径微分分布曲线如图 4.36 所示。复合材料的 N$_2$ 吸脱附曲线产生了吸附滞后，滞后程度有大有小，但仍属于 IUPAC 分类中的Ⅳ型等温线；在（P/P$_0$）为 0.2～0.9 的较大范围内出现不同形状的 H4 滞后回环，说明材料的孔结构较复杂，由图 4.36（b）可看出，不同改性剂用量的 m-g-C$_3$N$_4$/高岭石复合材料的孔径分布均较为相似，孔径大小主要以介孔为主。

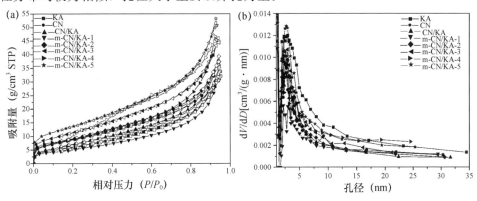

图 4.36 （a）样品 N$_2$ 吸附-脱附等温线与（b）样品孔体积孔径微分分布曲线

图 4.37 所示为样品 4-CN/KA 和 m-CN/KA-5 的傅里叶变换红外光谱图，两个样品的特征红外吸收带基本接近，但样品 m-CN/KA-5 的红外吸收带强度明显弱于 4-CN/KA 的红外吸收带。其中，3000～3300cm^{-1} 的宽吸收带是由 g-C$_3$N$_4$ 的不完全缩聚残留的末端 NH$_2$ 或 NH 基团伸缩振动引起的，样品 m-CN/KA-5 位于该处的吸收峰强度减弱，说明氰尿酸的加入促进了复合材料中 g-C$_3$N$_4$ 的热缩聚，使得产物中 NH$_2$ 或 NH 基团显著减少。位于 1200～1700cm^{-1} 处的特征吸收峰对应 g-C$_3$N$_4$ 中 C-N 和 CN 杂环的典型伸缩振动，样品 4-CN/KA 和 m-CN/KA-5 在该处的红外吸收峰强度相近，说明两个样品中 g-C$_3$N$_4$ 的含量基本接近，氰尿酸的引入并没有引起三聚氰胺转化成 g-C$_3$N$_4$ 的程度变化。在 800～1100cm^{-1} 范围内的吸收带对应高岭石中 Si—O 伸缩振动与 Al—OH 弯曲振动，样品 m-CN/KA-5 的该吸收峰明显平滑一些，说明高岭石表面的活性位点显著减少，更多的活性位点与 g-C$_3$N$_4$ 发生有效结合，氰尿酸的引入使 g-C$_3$N$_4$ 在矿物载体表面上的分布更加均匀。位于 800cm^{-1} 处的特征吸收峰是由 g-C$_3$N$_4$ 的三嗪环振动引起的，样品 m-CN/KA-5 在该处的吸收峰弱于 4-CN/KA。

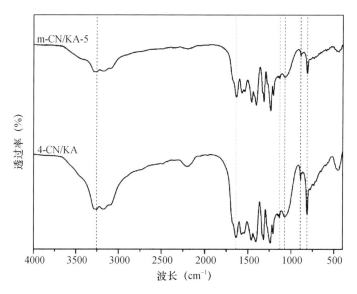

图 4.37　4-CN/KA 和 m-CN/KA-5 样品的傅里叶变换红外谱图

（3）氰尿酸改性修饰 g-C$_3$N$_4$/高岭石复合材料的性能

如图 4.38（a）所示，暗条件下所有样品在 30min 内对染料罗丹明 B 的吸附已经达到平衡。其中，样品 CN 的吸附性能最差，KA 的吸附性能次之，m-g-C$_3$N$_4$/高岭石复合材料的吸附性能随着改性剂用量的增加而逐渐增强，m-CN/KA-5 样品吸附性能最优。在可见光下，样品 KA 对罗丹明 B 不具备降解性能，而样品 CN 具备良好的可见光催化性能，样品 CN/KA 的光催化性能较 CN 有了较大的提升，这主要是由于将载体高岭石引入 g-C_3N_4 中，为复合材料提供了更多的表面缺陷，提高了光生电子-空穴对的分离效率。氰尿酸的加入有效地提高了复合材料的吸附性能，但是对光催化性能的提升效果并不是特别明显，这主要是因为氰尿酸与三聚氰胺结构相似，在热聚合过程中，由于与三聚氰胺均匀混合的氰尿酸在 330℃ 下就会开始发生分解，会在复合材料的结构中留下大量孔隙结构和部分活性位点，极大地增加了产物的比表面积，因而可极大地提高吸附性能，进而增强光催化性能。

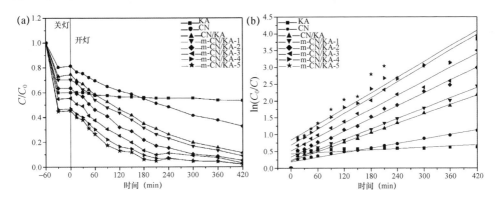

图 4.38　（a）可见光下不同改性剂用量的 m-g-C_3N_4/高岭石复合材料
对罗丹明 B 的光催化降解曲线以及（b）准一级动力学曲线

图 4.38（b）为不同改性剂用量的 m-g-C_3N_4/高岭石复合材料在可见光下降解罗丹明 B 的准一级反应动力学曲线，其反应速率常数 k 和线性相关系数 R^2 见表 4.6。结果表明：在可见光下不同改性剂用量的 m-g-C_3N_4/高岭石复合材料降解罗丹明 B 的反应动力学拟合结果线性关系显著，其中，对 m-CN/KA-5 反应动力学线性拟合效果却较差；样品 KA 并不具备光催化性能，与 g-C_3N_4 有效结合后，制备出的样品 CN/KA 较样品 CN 提升了一倍左右，说明复合材料中 g-C_3N_4 与高岭石矿物之间发生了有效结合，增加了材料表面的反应活性位点。随着改性剂用量的提高，m-g-C_3N_4/高岭石复合材料的反应速率也随之增大，样品 m-CN/KA-5 的反应速率已达到样品 CN 的 3.40 倍。

表 4.6　不同改性剂用量的 m-g-C_3N_4/高岭石复合材料在可见光下
降解罗丹明 B 的准一级动力学参数

样品	准一级		
	拟合方程	k（min^{-1}）	相关系数（R^2）
KA	$y = 6.3679 \times 10^{-4}x + 0.4257$	6.3679×10^{-4}	0.97
CN	$y = 0.0023x + 0.1885$	0.0023	0.96

续表

样品	准一级		
	拟合方程	k（min^{-1}）	相关系数（R^2）
CN/KA	$y=0.0047x+0.2074$	0.0047	0.99
m-CN/KA-1	$y=0.0052x+0.2345$	0.0052	0.98
m-CN/KA-2	$y=0.0064x+0.3304$	0.0064	0.98
m-CN/KA-3	$y=0.0069x+0.5122$	0.0069	0.94
m-CN/KA-4	$y=0.0079x+0.6845$	0.0079	0.94
m-CN/KA-5	$y=0.0078x+0.8347$	0.0078	0.88

4.3.3　Ag/g-C$_3$N$_4$/高岭石复合材料

（1）Ag/g-C$_3$N$_4$/高岭石复合材料的制备

缩聚状 g-C$_3$N$_4$ 粉末的制备方法如下：将 10.0g 双氰胺添加到氧化铝坩埚中，加热至 550℃，加热速率为 2.3℃/min，持续 4h。收集最终黄色产物以供进一步使用。

采用简单的浸渍-煅烧工艺制备 g-C$_3$N$_4$/高岭石（KCN）。先将 1.0g 高岭石分散于 60mL 去离子水中，在 60℃ 水浴中连续搅拌 10min，然后将 4.0g 双氰胺加入高岭石悬浮液中，搅拌 12h，在 105℃烘箱中干燥 10h；粉磨后在 550℃下加热 4h，最后，将所得产品进一步粉磨以供进一步使用。

合成 Ag/g-C$_3$N$_4$/高岭石复合材料工艺流程如图 4.39 所示。在 20mL 乙二醇溶液中加入 0.2g KCN。然后将所得悬浮液经超声处理分散 30min，将 0.2g 聚乙烯吡咯烷酮（PVP）和不同体积的 AgNO$_3$ 溶液（含银量的 1%、3%、5%、7%和 9%质量比）与悬浮液混合。再将悬浮液置于 300W 汞弧灯（CEL-HXF300）的紫外线照射下搅拌 30min，将最终的灰色悬浮液离心，用去离子水洗涤三次进行纯化，在 60℃真空干燥箱中干燥 4h，从而制备得到 Ag/g-C$_3$N$_4$/高岭石复合材料，标记为 Ag/KCN-X，其中 X 为 Ag/KCN 的理论质量比，分别为 1%、3%、5%、7%和 9%。

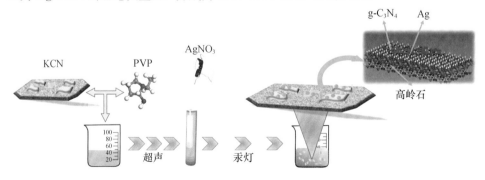

图 4.39　Ag/g-C$_3$N$_4$/高岭石复合材料制备工艺流程图

（2）Ag 改性修饰 g-C$_3$N$_4$/高岭石复合材料的结构

采用扫描电镜和透射电镜观察复合材料的形貌和微观结构，结果如图 4.40 （a）所示，可以看出，高岭石显示出典型的光滑二维片状结构，适合附着剥落的 g-C$_3$N$_4$ 薄片。从图 4.40 （c）可以看出，g-C$_3$N$_4$ 可以均匀地附着在高岭石表面，较好地解决 g-C$_3$N$_4$ 的团聚问题，为 Ag 纳米粒子提供了更多的附着位点。图 4.40 （d）表明由于纯 g-C$_3$N$_4$ 呈堆积团聚形状，因而 Ag 纳米粒子在 g-C$_3$N$_4$ 表面分散不均匀。与之相反的是，从图 4.40 （e）中可以看出，Ag 纳米粒子均匀地分散在 KCN 的表面上，这表明高岭石的引入实现了纳米 Ag 粒子的均匀包覆，同时可以暴露更多的反应和活性位点。进一步测量和分析 Ag/KCN-7％上 Ag 纳米粒子的大小，可以发现，在 PVP 的作用下，Ag/KCN-7％上的 Ag 纳米粒子粒径主要在 3～5nm 之间。由于 PVP 是一种多齿配体，它可以通过 N—C═O 基团的配位作用与 Ag 纳米粒子结合，起到配位和机械抑制的作用。另一方面，PVP 的长分子链可以被包覆在 Ag 颗粒的表面从而起到抑制团聚、控制 Ag 纳米粒子形成的作用。利用 X 射线能谱仪（EDS）对 Si、Al、O、N、C、Ag 等元素进行元素分布研究 ［图 3.40 （g）］，可以发现 Si、Al、O、N、C 和 Ag 元素分布均匀，进一步表明了 Ag 纳米粒子在 KCN 表面实现了良好分布。

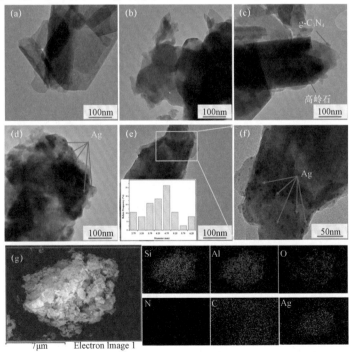

图 4.40　高岭石（a）、g-C$_3$N$_4$（b）、KCN（c）、Ag/CN-7％（d）、Ag/KCN-7％（e）、Ag/KCN-7％的部分放大图（f）、Ag/KCN-7％复合材料的能谱以及 Si、Al、O、N、C、Ag 元素面扫图（g）

采用X射线衍射（XRD）进一步研究复合材料的物相结构，其结果如图4.41所示。从图4.41（a）可以看出，12.28°处的特征峰属于高岭石（JCPDS No.14-0164）的（001）晶面，而在24.82°、38.34°和62.26°处的衍射峰则与高岭石的（002）、（-202）和（060）晶面相对应。对比可以发现，高岭石在KCN、Ag/CN-7%和Ag/KCN-X复合材料中均未出现明显的特征峰，这主要是由于煅烧过程中高岭石层的结构性堆积减少以及脱羟基反应的进行所致。Ag/CN-7%和Ag/KCN-X复合材料中，g-C$_3$N$_4$相（JCPDS No.87-1526）的（100）晶面和（002）晶面分别对应于12.74°和27.70°两个特征峰。对于Ag/KCN-X复合材料［图4.41（b）］，27.70°处的特征峰峰值略微蓝移，这可能是由于Ag纳米粒子在KCN表面镶嵌作用所致。在所有的Ag/KCN复合材料中，均未出现明显的Ag晶型衍射峰，这主要是因为Ag纳米粒子尺寸小、分布均匀以及含量较低所致。

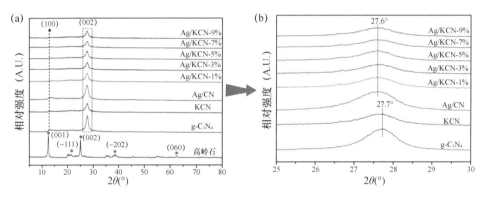

图4.41　制备的高岭石、g-C$_3$N$_4$、KCN、Ag/CN-7%和
Ag/KCN-X复合材料的XRD图谱（a）及区域放大图谱（b）

用XPS分析Ag/KCN-7%复合材料的表面化学组成和状态，其结果如图4.42所示。图4.42（a）表明在Ag/KCN-7%复合材料中存在C、N、O、Si和Ag元素。图4.42（b）则显示了复合材料的C 1s光谱，通过分峰可以得到以284.7eV、285.8eV和288.1eV为中心的三个主峰。284.7eV处的峰值与sp2的C—C键有关，285.8eV和288.1eV处的峰值则分别与g-C$_3$N$_4$的C—N和C—(N)$_3$键有关。图4.42（c）所示是Ag/KCN-7%复合材料的N 1s光谱，分别在398.6eV、399.4eV和400.5eV有显著特征峰。其中，398.6eV处的特征峰归属于sp2 C＝N键，399.4eV处的特征峰归属于sp3杂化氮C—(N)$_3$键，而400.5eV处的特征峰则是g-C$_3$N$_4$的C—N—H基团的反映。Si 2p谱［图4.42（d）］在101.7eV、102.6eV和103.4eV处被拟合成三个峰，分别对应于Si—O—Si、Si—O—H和Si—O—C键。Si—O—C键的形成表明了高岭石与g-C$_3$N$_4$

在550℃煅烧过程中发生了化学键合反应。在O 1s光谱［图4.42（e）］中，在531.3eV（Si—O—Si）、532.2eV（Si—O—H）和533.2eV（Si—O—C）处检测到三个特征峰。Ag纳米粒子负载于KCN表面后，Ag-3d［图4.42（f）］显示了两个主峰，分别位于368.1eV和374.1eV，自旋能分离为6.0eV，这与Ag/KCN-7‰复合材料中的金属银（Ag⁰）特征峰相一致。

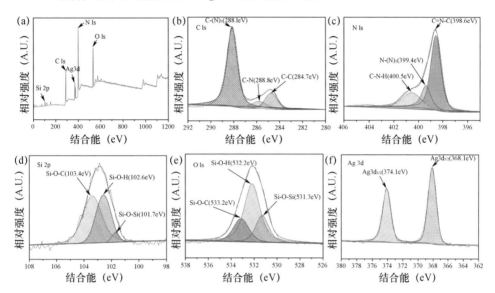

图4.42　Ag/KCN-7‰复合材料的X射线光电子能谱（XPS），Ag/KCN-7‰复合材料的高分辨XPS谱：(b) C 1s，(c) N1s，(d) Si 2p，(e) O 1s，(f) Ag 3d

进一步采用FTIR光谱对复合材料的价键及结构进行分析。如图4.43所示，高岭石在$3600\sim3700cm^{-1}$范围内具有显著的吸收峰，这可归属于Al—O—H基团的O—H振动。此外，$700\sim1200cm^{-1}$范围内的峰值对应于Si—O的拉伸振动。Ag/KCN-X复合材料中，位于$900\sim1100cm^{-1}$范围内的弱峰与高岭石的Si—O拉伸振动有关，表明了高岭石与g-C_3N_4之间形成了紧密的界面结合。对于g-C_3N_4催化剂，$3000\sim3500cm^{-1}$之间的宽峰主要是由于N—H和表面吸附水分子的拉伸振动所引起。而$1300\sim1465cm^{-1}$处的峰则可归因于芳香环的振动，$1635cm^{-1}$处的小吸收峰则表明存在C＝N键。随着载银量的增加，全波长范围内峰值的吸收变化不明显，说明Ag纳米粒子的担载对KCN的结构没有明显影响。

图4.44所示为所制备的复合材料的N_2等温吸脱附曲线及相应的孔径分布曲线。如图所示，所有复合材料均呈现具有滞后环的Ⅳ型曲线，表明了典型的介孔结构特征。与g-C_3N_4相比，KCN的比表面积（$27.40m^2/g$）有显著的改善，这

有利于 Ag 纳米粒子的附着和单分散 Ag 纳米粒子在 KCN 表面的固定。从所有复合材料的孔径分布来看，g-C$_3$N$_4$ 表现出最小的孔体积（0.036cm^3/g），这主要是由于 g-C$_3$N$_4$ 纳米片的团聚造成的。相比之下，Ag/KCN-7％复合材料具有最大的孔体积（0.080cm^3/g），这有助于对污染物的快速吸附与降解。

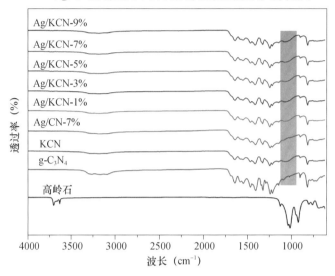

图 4.43　高岭石、g-C$_3$N$_4$、KCN、Ag/CN-7％和 Ag/KCN-X 催化剂的 FTIR 光谱

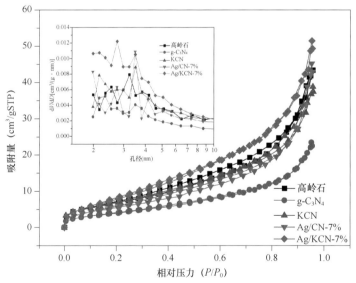

图 4.44　高岭石、g-C$_3$N$_4$、KCN、Ag/CN-7％和 Ag/KCN-7％复合材料 N$_2$
等温吸脱附曲线及孔径分布曲线

采用紫外-可见漫反射光谱（DRS）进一步研究所制备复合材料的光学性能。

如图 4.45（a）所示，所有复合材料都具有显著的紫外和可见光吸收性能，吸收边缘约为 450nm。增强的光吸收性能使得复合材料在单位时间内吸收光子的能力大大增强，因此 Ag/CN 和 Ag/KCN-7％ 复合材料的光催化活性显著高于 g-C₃N₄。复合材料的带隙情况如图 4.45（b）所示。结果表明，高岭石和 Ag 纳米粒子对 g-C₃N₄ 的带隙没有明显影响。

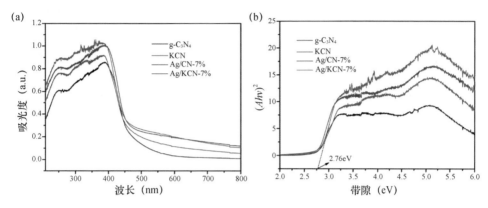

图 4.45　高岭石、g-C₃N₄、KCN、Ag/CN-7％和 Ag/KCN-7％
复合材料的紫外-可见漫反射光谱（a）及带隙图（b）

（3）Ag 改性修饰 g-C₃N₄/高岭石复合材料的性能

以布洛芬（IBP）为目标污染物，研究所制备的复合材料在可见光（λ≥400nm）照射下的光催化活性。从图 4.46 中可以看出，在 Ag/KCN-X 复合材料存在的前提下，光催化活性明显提高。随着载银量从 1％增加到 7％，去除率显著提高。但是，当银负载量过大（X＞7％）时，催化性能反而降低。经过 5h 的辐照，可以发现，Ag/KCN-1％、Ag/KCN-3％、Ag/KCN-5％、Ag/KCN-7％和 Ag/KCN-9％的去除率分别为 53.4％、65.7％、85.0％、99.9％和 75.9％。由于 Ag 纳米粒子可以作为光生电子中心，可有效地将 KCN 中的电子转移到 Ag 纳米粒子上，减少电荷复合，增加有效空穴数量，因而可有效改善可见光活性。此外，单分散 Ag 纳米粒子的加入为 IBP 的降解提供了更多的反应位点，使去除率从 84.2％提高到 99.9％。但是，过量的 Ag 则会作为重组中心或覆盖 g-C₃N₄ 的反应位点，造成性能下降。图 4.46（b）所示为对应的准一级动力学曲线，可以发现，Ag/KCN-7％的反应速率常数最大，为 0.01128min⁻¹，比 Ag/CN-7％复合材料高 1.87 倍。图 4.46（c）进一步测试了 Ag/KCN-7％复合材料的稳定性。结果表明，经过 5 个循环后，去除率略有下降，这可能是由于 IBP 在 Ag/KCN-7％表面的吸附导致活性位点的减少。但经过 5 次循环后，去除率仍保持在 90％以上，说明所制备的复合材料具有较高的稳定性和可回收性。

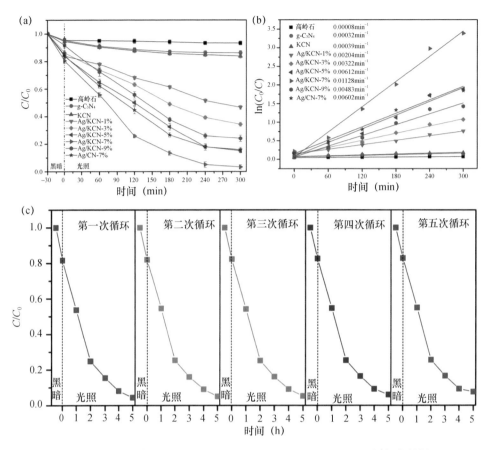

图 4.46 （a）高岭石、g-C₃N₄、KCN、Ag/CN、Ag/KCN-7％复合材料
在可见光下降解布洛芬性能；（b）相应的准一级动力学曲线；
（c）Ag/KCN-7％复合材料稳定性测试结果

4.3.4 BiOCl/g-C₃N₄/高岭石复合材料

（1）BiOCl/g-C₃N₄/高岭石复合材料的制备

采用双氰胺缩聚法合成 g-C₃N₄（G）催化剂。具体过程如下：将 4g 双氰胺
在 550℃静态空气中加热 4h，升温速率和降温速率分别保持在 2.3℃/min 和
1.0℃/min。之后将所得黄色产品磨成粉末以供进一步使用。

合成 g-C₃N₄/高岭石复合催化剂时，在 60℃的 60mL 去离子水中加入 4g 双
氰胺，将 1g 高岭石（K）分散于溶液中，连续搅拌 12h，然后在 105℃的烘箱中
干燥 10h，最后在合成 g-C₃N₄ 催化剂的相同条件下加热所得粉末。热重分析结
果表明，K-G 复合材料中 g-C₃N₄ 的含量为 32.6％。

BiOCl/g-C₃N₄/高岭石复合材料合成过程如下：将 1.862g Bi（NO₃）₃·5H₂O

溶解于 40mL 乙酸：水溶液（体积比 φ＝100%）中，然后在室温下连续搅拌
30min，同时添加不同量的 K-G 复合材料（0.2g、0.4g、0.6g 和 0.8g）。将
1.229g 十六烷基三甲基氯化铵（CTAC）溶于 20mL 去离子水中，滴入混悬液
中。老化 2h 后，用去离子水和乙醇洗涤所得悬浮液，在 80℃的烘箱中干燥 10h，
按此方法所得样品分别标记为 0.2K-G-B、0.4K-G-B、0.6K-G-B 和 0.8K-G-B。
制备示意图如图 4.47 所示。

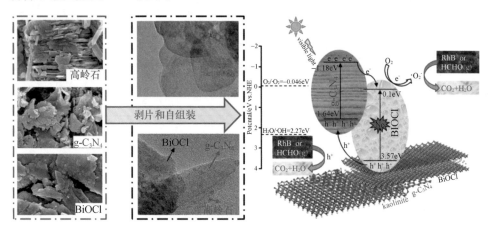

图 4.47 BiOCl/g-C₃N₄/高岭石复合材料制备示意图

（2）BiOCl 改性修饰 g-C₃N₄/高岭石复合材料的结构

K、G、K-G、B 和不同 K-G 含量的 K-G-B 复合材料的 XRD 图谱如图 4.48
（a）所示。高岭石的 XRD 图谱在 12.44°处显示出最强峰，对应于（001）晶面，
具有 0.71nm 的层间距。位于 23.74°、24.98°、38.48°、62.48°等处的特征峰分
别归属于（－111）、（020）、（－202）和（060）晶面，这与三斜晶系的高岭石标
准卡片（JCPDS 14-0164）相一致。高岭石的特征衍射峰在 g-C₃N₄/高岭石或
BiOCl/g-C₃N₄/高岭石复合材料的 XRD 图谱中没有显现，这主要是由于煅烧过
程中高岭石的脱羟基作用引起的。此外，纯 g-C₃N₄（JCPDS 21-1272）的 X 射线
衍射图谱在 13.08°和 27.58°处的特征峰同时出现在 g-C₃N₄/高岭石和 BiOCl/
g-C₃N₄/高岭石复合材料的 X 射线衍射谱图中。其中，27.58°（002）处的最强衍
射峰是由于氮化碳的层间堆积造成，而 13.08°（100）处的较弱的衍射峰则是由
于氮化碳的层内堆积引起。对于纯 BiOCl，在 12.06°、24.18°、26.00°、32.62°、
33.56°、40.98°、46.76°、49.76°和 54.20°处的衍射峰分别与（010）、（002）、
（101）、（110）、（102）、（112）、（200）、（113）和（014）晶面相对应，这些晶面
归属于四方晶系的 BiOCl（JCPDS No.06-0249）。值得注意的是，（001）和
（102）晶面的衍射峰在与 g-C₃N₄/高岭石复合后逐渐消失，并且（110）晶面的

141

相对强度增高，这主要是由于形成了沿［001］方向取向的超薄纳米片。研究还发现，随着 g-C₃N₄/高岭石含量的增高，BiOCl/g-C₃N₄/高岭石复合材料中 BiOCl 的（110）晶面有轻微的偏移，表明成功地构建了三元非均相体系。

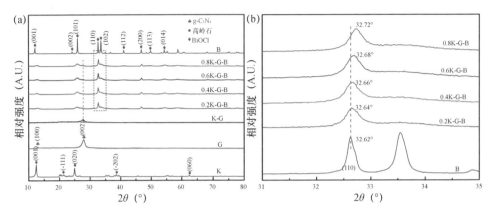

图 4.48　（a）K、G、K-G、B 和不同 K-G 含量的 K-G-B 的 X 射线衍射图；
（b）图中用虚线框标记的相应放大区域示意图

BiOCl/g-C₃N₄/高岭石三元异质结构复合材料的形貌结构可由 HRTEM 图像进一步显示，在图 4.49（g）和（h）中可以看到，g-C₃N₄ 和 BiOCl 超薄纳米片连续覆盖在单层高岭石片层表面。这种"三明治"结构与扫描电镜的观察结果相吻合。如图 4.49（h）所示，典型的 BiOCl/g-C₃N₄/高岭石复合材料晶格条纹间距为 0.275 和 0.343nm，分别对应于 BiOCl 的（110）和（101）晶面。由于 g-C₃N₄ 结晶性较弱，高岭石热稳定性差，因而未检测到 g-C₃N₄ 和高岭石的相关晶格条纹。

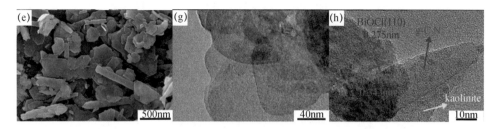

图 4.49 （a）高岭石，（b）g-C₃N₄，（c）g-C₃N₄/高岭石，
（d）BiOCl 和（e）BiOCl/g-C₃N₄/高岭石复合材料的 SEM 图像；
（f）BiOCl/ g-C₃N₄/高岭石复合材料的 C、N、O、Si、Al、Bi 和 Cl 元素面扫图；
（g）和（h）BiOCl/g-C₃N₄/高岭石复合材料的 HRTEM 图

通过 N₂ 吸附-解吸等温线曲线进一步研究了 K、G、K-G、B 和 0.4K-G-B 复合材料的比表面积和孔径分布，结果如图 4.50 所示。可以发现，所有样品的 N₂ 吸附-解吸等温线 ［图 4.50（a）］中都呈现为具有 H3 滞后环（IUPAC）的 Ⅱ 型等温线类型，具有介孔结构的典型特征。这种介孔结构形成于高岭石、g-C₃N₄ 和 BiOCl 纳米片的堆积。表 4.7 总结了所制备样品的表面和结构特征。BiOCl/g-C₃N₄/高岭石复合材料由于形成超薄的 BiOCl 纳米片和独特的"三明治"结构，其孔体积和平均孔径均大于块体 BiOCl，这有利于吸附活性位点数量的提高。此外，由于堆积了纳米级的片层，体相 BiOCl 和 g-C₃N₄ 的孔径主要分布在 2～4nm 之间 ［图 4.50（b）］。BiOCl/g-C₃N₄/高岭石复合材料的孔径分布较宽（1～20nm），说明其形成了独特的三明治结构。

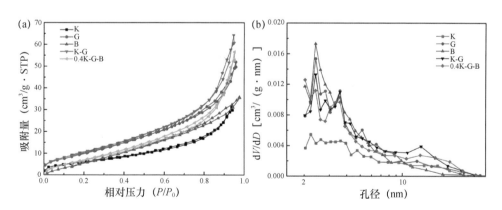

图 4.50 （a）K，G，K-G，B 和 0.4K-G-B 的 N₂ 等温吸脱附曲线；
（b）K，G，K-G，B 和 0.4K-G-B 的孔径分布曲线

表 4.7 K、G、K-G、B 和 0.4K-G-B 的表面和结构特征

样品	比表面积（m^2/g）	孔体积（cm^3/g）	平均孔径（nm）
K	22.507	0.048	8.587
G	40.007	0.080	8.029
K-G	40.615	0.099	9.777
B	34.411	0.055	6.355
0.4K-G-B	32.088	0.088	10.914

K、G、K-G、B 和 0.4K-G-B 复合材料的电子结构和光学性质可由 UV-vis 漫反射光谱（DRS）确定 [图 4.51（a）]。高岭石以其独特的天然矿物组成和结构，在全区范围内表现出较低的光吸收强度。而体相 g-C$_3$N$_4$ 和 BiOCl 则分别在 441nm 和 357nm 的紫外区域显示吸收边缘。进一步分析发现，g-C$_3$N$_4$/高岭石和 BiOCl/g-C$_3$N$_4$/高岭石复合材料在 439nm 附近具有类似的吸收边，与块体 g-C$_3$N$_4$ 相比具有轻微蓝移，这与高岭石的组成有关。具体而言，BiOCl/g-C$_3$N$_4$/高岭石复合材料在可见光区域的吸收强度与块状 BiOCl 或 g-C$_3$N$_4$ 的吸收强度相比明显增强，说明 BiOCl/g-C$_3$N$_4$/高岭石三元异质结构的耦合提高了对可见光的吸收和利用效率。从切线截距可得相应的复合材料带隙分别为 3.58eV、2.81eV、2.82eV、3.47eV 和 2.82eV（K、G、K-G、B 和 0.4K-G-B）[图 4.51（b）]。

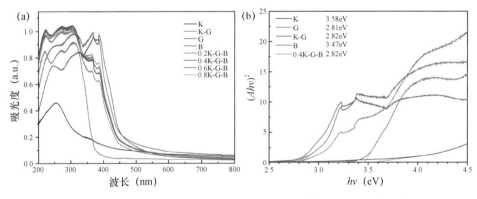

图 4.51 （a）K、G、K-G、B 和 0.4K-G-B 的紫外可见光吸收光谱；
（b）K、G、K-G、B 和 0.4K-G-B 的带隙图

（3）BiOCl 改性修饰 g-C$_3$N$_4$/高岭石复合材料的性能

以罗丹明 B（RhB）为目标污染物，在可见光照射下评价 K、G、K-G、B 和 K-G-B 复合材料的光催化活性，结果如图 4.52（a）所示。暗吸附 30min 后，溶液与催化剂之间达到吸附-解吸平衡。吸附-解吸实验表明，BiOCl/g-C$_3$N$_4$/高岭石复合材料（0.4K-G-B）在所有样品中表现出最强的吸附能力。较高的吸附能

力有助于建立高效的吸附降解体系。120min 后，g-C₃N₄ 对 RhB 的降解率仅为 20%。当 g-C₃N₄ 被剥离并固定在高岭石表面时，g-C₃N₄/高岭石复合材料的去除率可提高 40%。对于剥离的 BiOCl，去除率约为 60%，这可能与染料光敏化过程有关。总体而言，BiOCl/g-C₃N₄/高岭石三元异质结体系在所有测试样品中降解率最高。此外，G、K-G、B 和 K-G-B 复合材料的光降解动力学用准一级动力学模型拟合如下：$-\ln(C_0/C)=kt$，其中 C_0 代表 RhB 的初始浓度（mg/L），C 代表 RhB 在光照时间 t（min）的浓度（mg/L），k 是表观反应速率常数（$\min^{-1}$）。催化剂的表观反应速率常数（k）如图 4.52（b）所示。所有 BiOCl/g-C₃N₄/高岭石复合材料的估算反应速率常数明显高于块状 BiOCl、g-C₃N₄ 和 g-C₃N₄/高岭石复合材料。其中，BiOCl/g-C₃N₄/高岭石复合材料（0.4K-G-B）的反应速率常数最高，分别是块状 BiOCl、g-C₃N₄ 和 g-C₃N₄/高岭石复合材料的 3、6 和 10 倍以上。

进一步研究 K、G、K-G、B 和 K-G-B 复合材料在可见光照射下分解气态甲醛的性能。如图 4.52（c）所示，与剥离的 BiOCl、g-C₃N₄ 和 g-C₃N₄/高岭石复合材料相比，所有 BiOCl/g-C₃N₄/高岭石复合材料都具有更高的光降解气态甲醛效率。单一 BiOCl 气态甲醛的去除率约为 31.23%，光降解仅占气态甲醛去除率的 4%，再次说明染料光敏化过程对染料的光降解起着至关重要的作用。结果表明，BiOCl/g-C₃N₄/高岭石复合材料（0.4K-G-B）对甲醛的光催化性能最好，去除率达 74.55%。BiOCl/g-C₃N₄/高岭石复合材料光催化活性的提高可能是由于其对可见光的高效利用、块状 BiOCl 和 g-C₃N₄ 的剥离以及 BiOCl/g-C₃N₄/高岭石三元异质体系的构建。图 4.52（d）显示了 BiOCl/g-C₃N₄/高岭石复合材料的可重复使用性和稳定性，结果表明，BiOCl/g-C₃N₄/高岭石复合材料经 4 次重复使用后，在可见光照射下对 RhB 和气态甲醛仍保持较高的降解效率，为有机染料和环境有毒有害气体的净化提供了方向。

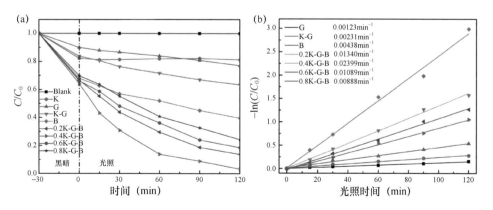

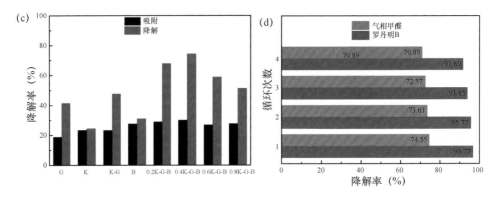

图 4.52　(a) K、G、K-G、B 和 K-G-B 在可见光下对 RhB 的光降解性能；
(b) 相应的准一级动力学曲线；(c) K、G、K-G、B 和 K-G-B 在可见光下
对气态甲醛的光降解性能；(d) 0.4K-G-B 复合材料的重复利用结果

4.4　伊利石

伊利石是分布最广的黏土岩，是一种富钾的硅酸盐云母类有层状结构的黏土矿物，故又名水白云母。纯的伊利石呈白色，但因常含有杂质而呈现黄、绿、褐等颜色。大部分的伊利石是由白云母或钾长石风化后形成的。伊利石的理想化学组成为 $K_{0.75}$ ($Al_{1.75}R$) [$Si_{3.5}Al_{0.5}O_{10}$] $(OH)_2$，属单斜晶系，式中 R 代表二价金属阳离子，主要为 Mg^{2+}、Fe^{2+} 等。晶体结构与白云母基本相同，都是顶氧相对的两个四面体层夹一个八面体层形成像三明治一样的 TOT 单元层结构，也属 2：1 型结构单元层的二八面体型。与白云母不同的是，层间 K^+ 的数量比白云母少，而且有水分子存在。伊利石的片状或条状的晶体非常细小，其粒径通常在 $2\mu m$ 以下，肉眼不易观察，在透射电子显微镜下呈不规则的或带棱角的薄片状，有时也呈不完整的六边形和板条状，通常呈土状集合体产出。

伊利石像云母一样，具有片层结构、大径厚比及较强的吸附性能、稳定的物理化学性质，薄层堆砌形成三维空间结构，层间距较小且充满结晶水，片层和层间结晶水的折射率相差较大，因而是一种优良的天然光催化剂载体。

4.5　g-C_3N_4/伊利石复合材料的制备、结构与性能

g-C_3N_4 粉末的制备遵循以下步骤。通常，将 15g 双氰胺放入带盖的氧化铝坩埚中，加热至 550℃保温 4h，加热速率为 2.3℃/min。冷却至室温后，收集最终生成的黄色产品并磨成粉末以供进一步使用。

g-C_3N_4/伊利石复合材料前驱体制备：取不同质量的双氰胺置于 50mL 蒸馏

水中，60℃条件下搅拌分散 30min 直至双氰胺完全溶解，然后将 2g 伊利石缓慢加入，继续搅拌 12h 后置于烘箱中 60℃干燥，干燥样品研磨至 97% 不大于 0.074mm。通过控制双氰胺的用量，得到 g-C$_3$N$_4$ 与伊利石不同比例的 g-C$_3$N$_4$/伊利石复合材料前驱体。

g-C$_3$N$_4$/伊利石光催化复合材料的制备：将 g-C$_3$N$_4$ 与伊利石不同比例的 g-C$_3$N$_4$/伊利石前驱体进行两次煅烧：初次密闭条件煅烧温度 550℃，煅烧时间 4h，升温速率 2.3℃/min；二次开放式煅烧温度 300℃，煅烧时间 2h，升温速率 5℃/min。最终得到可见光响应的 g-C$_3$N$_4$/伊利石光催化复合材料。g-C$_3$N$_4$/伊利石复合材料具体制备示意图如图 4.53 所示。

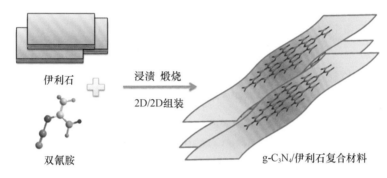

图 4.53 g-C$_3$N$_4$/伊利石复合材料制备示意图

图 4.54 为伊利石、g-C$_3$N$_4$ 及 g-C$_3$N$_4$/伊利石复合材料样品（CN/IL-3，g-C$_3$N$_4$ 与伊利石质量比 1:2.7）的 XRD 图谱。纯 g-C$_3$N$_4$ 的图谱中存在两处衍射角 2θ 为 12.8° 和 27.6° 的特征衍射峰，分别对应于 g-C$_3$N$_4$（JCPDS No.87-1526）中的（100）和（002）晶面。（100）晶面是由层间的三嗪结构堆叠而成，而（002）晶面是由 g-C$_3$N$_4$ 结构中的芳香环体系发生层间堆叠所致。伊利石在 2θ 为 17.83°、19.85° 和 26.83° 的峰为典型的伊利石（JCPDS No.02-0056）特征衍射峰，对应于（004）、（110）和（006）晶面；同时位于 20.86° 和 50.13° 的峰属于石英相的（100）和（112）晶面，表明伊利石中含有石英成分。g-C$_3$N$_4$/伊利石复合材料图谱中出现了 g-C$_3$N$_4$ 结构中对应于（002）晶面的特征峰，其角度没有发生改变，但衍射峰强度大大减弱，而 g-C$_3$N$_4$ 的另一个特征衍射峰则完全消失；复合材料中伊利石的特征峰也发生了类似的变化，部分衍射峰消失或强度减弱，而且角度发生偏移，说明 g-C$_3$N$_4$ 与伊利石实现了有效复合。但由于 g-C$_3$N$_4$/伊利石复合材料中 g-C$_3$N$_4$ 含量不高，因而 g-C$_3$N$_4$ 的特征峰强度不高；而伊利石经煅烧前后的晶型结构变化不大，说明煅烧对伊利石性质的影响并不明显。

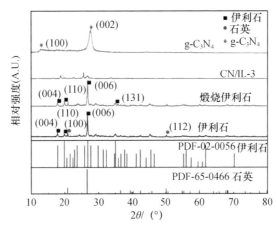

图 4.54 g-C$_3$N$_4$/伊利石复合材料样品（CN/IL-3，g-C$_3$N$_4$ 与
伊利石质量比 1∶2.7）XRD 图谱

图 4.55 为伊利石、g-C$_3$N$_4$ 及 g-C$_3$N$_4$/伊利石复合材料（CN/IL-3，g-C$_3$N$_4$ 与伊利石质量比 1∶2.7）样品的 SEM 图像和 AFM 图像。由图 4.55（a）可知，伊利石由二维片层状结构堆叠而成，表面整齐光滑，这种片层状结构有利于 g-C$_3$N$_4$ 在其表面的均匀负载。由图 4.55（b）可知，g-C$_3$N$_4$ 在高温聚合过程中颗粒团聚现象严重，造成 g-C$_3$N$_4$ 比表面积较小，不利于光催化过程中对污染物的吸附及光生电子空穴对的迁移。由图 4.55（c）可知，所制备的 g-C$_3$N$_4$/伊利石光催化复合材料仍保持伊利石原有的片状结构，但伊利石原始片层表面变得粗糙，孔结构更为丰富，证明 g-C$_3$N$_4$ 成功负载到了伊利石表面。与纯 g-C$_3$N$_4$ 相比，通过伊利石载体的引入，使 g-C$_3$N$_4$/伊利石复合材料中 g-C$_3$N$_4$ 的分散性有所提高，有利于对污染物的吸附及加速电子空穴对的迁移，进而提高复合材料的光催化性能。由图 4.55（d）可以看出，g-C$_3$N$_4$/伊利石复合材料的表面粗糙，表明伊利石表面负载上了 g-C$_3$N$_4$ 片层，且 g-C$_3$N$_4$ 片层并没有团聚堆积在一起，而是有序地与伊利石结合在一起；g-C$_3$N$_4$ 与伊利石的有序结合有利于 g-C$_3$N$_4$/伊利石复合材料对水中污染物的有效吸附与光降解。

（a）伊利石的 SEM 图

（b）g-C$_3$N$_4$ 的 SEM 图

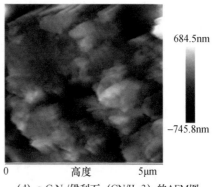
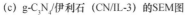

(c) g-C$_3$N$_4$/伊利石（CN/IL-3）的SEM图　　　　（d) g-C$_3$N$_4$/伊利石（CN/IL-3）的AFM图

图 4.55　伊利石、g-C$_3$N$_4$ 和 g-C$_3$N$_4$/伊利石复合材料样品（CN/IL-3，g-C$_3$N$_4$ 与伊利石质量比 1∶2.7）的 SEM 图像 [（a）、（b）和（c）] 和 AFM 图像（d）

图 4.56 为伊利石、g-C$_3$N$_4$ 及 g-C$_3$N$_4$/伊利石复合材料（CN/IL-3，g-C$_3$N$_4$ 与伊利石质量比 1∶2.7）样品的 UV-Vis 吸收光谱图和禁带宽度。由图 4.56（a）可知，所制备的 g-C$_3$N$_4$/伊利石复合材料在整个波长范围内都具有较强的吸收能力，高于单一相伊利石和纯 g-C$_3$N$_4$。较强的吸收能力有助于在单位时间内产生更多的载流子，从而提高参与反应的载流子密度，进而提升材料的光催化活性。另外，相比于单一 g-C$_3$N$_4$ 材料，g-C$_3$N$_4$/伊利石复合材料在可见光区的吸收显著增强，说明 g-C$_3$N$_4$/伊利石复合材料具有更优异的可见光吸收性能。由图 4.56（b）利用半导体材料的禁带宽度公式可以计算出各类光催化材料的禁带宽度，结果表明：单一相伊利石的禁带宽度为 3.00eV，纯 g-C$_3$N$_4$ 的禁带宽度为 2.74eV，而所制备的 g-C$_3$N$_4$/伊利石复合催化剂的禁带宽度比纯 g-C$_3$N$_4$ 的禁带宽度有所减小，为 2.62eV，禁带宽度的减小有利于光生载流子的跃迁，进而提升量子效率。

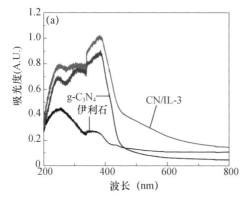
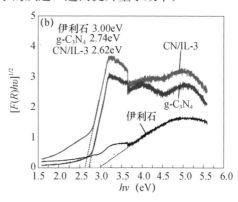

图 4.56　伊利石、g-C$_3$N$_4$ 和 g-C$_3$N$_4$/伊利石复合材料（CN/IL-3，g-C$_3$N$_4$ 与伊利石质量比 1∶2.7）的 UV-Vis 吸收光谱图（a）和禁带宽度（b）

伊利石、g-C₃N₄ 及 g-C₃N₄/伊利石复合材料（CN/IL-3，g-C₃N₄ 与伊利石质量比 1∶2.7）样品的 N_2 等温吸附-脱附及 BJH 孔径分布曲线见图 4.57。根据 IUPAC 分类，由图 4.57（a）可知，复合材料属等温线Ⅳ型，而由图 4.57（b）可知，其孔径以微孔为主。与单一伊利石相比，由于 g-C₃N₄ 的引入，材料微孔体积有所增加，平均孔径有所下降，使 g-C₃N₄/伊利石复合材料孔体积增大、比表面积增加。

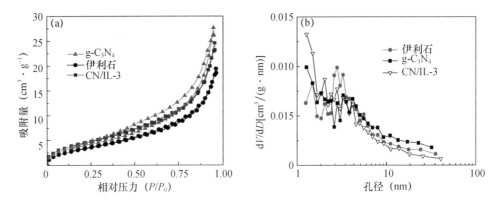

图 4.57　标准状况下伊利石、g-C₃N₄ 和 g-C₃N₄/伊利石复合材料（CN/IL-3，g-C₃N₄ 与伊利石质量比 1∶2.7）N_2 吸附-脱附等温线（a）及其 BJH 孔径分布曲线（b）

伊利石、g-C₃N₄ 及 g-C₃N₄/伊利石复合材料在可见光下对环丙沙星（CIP）的光催化降解效果如图 4.58（a）所示。g-C₃N₄ 在暗处理 60min 内并未对 CIP 具有明显的吸附作用，光处理 240min 内对 CIP 的降解效果也不明显，而伊利石对 CIP 具有良好的吸附效果，但不具备对 CIP 的光降解能力。本研究所制备的不同比例的 g-C₃N₄/伊利石复合材料具备明显优于 g-C₃N₄ 的光催化活性，而且与伊利石相比，吸附能力虽有所降低，但光催化降解性能却大幅提升，且其中以 g-C₃N₄/伊利石复合材料的效果最为显著，表明通过构建伊利石与 g-C₃N₄ 复合结构，一方面显著增强了 g-C₃N₄/伊利石复合材料的吸附能力；另一方面使伊利石的结构发生了部分变化，对于调控表面性质和电位提供了可能。此外，g-C₃N₄ 在伊利石上的均匀负载，加速了光生电子-空穴对的转移，大大降低了电子-空穴对的复合概率，提高了 g-C₃N₄/伊利石复合材料的光催化活性，而 g-C₃N₄ 与伊利石结合的部分也为污染物降解提供了更多的活性位点，大大加快了光催化的反应进程。图 4.58（b）为 g-C₃N₄ 和所制备的不同比例的 g-C₃N₄/伊利石复合材料光催化降解 CIP 的准一级反应动力学曲线，其中的数据为计算得到的反应速率常数（min⁻¹）。可知：两种材料对 CIP 光催化降解反应均较好地符合准一级动力学模型；与单一相 g-C₃N₄ 相比，所制备的不同比例的 g-C₃N₄/伊利石复合材料对 CIP 的降解速率均有所增大，其中 CN/IL-3 样品的增强效果最明显，反应速率常数达 0.00597min^{-1}，是纯 g-C_3N_4 的 11.26 倍。这主要是由于所制备的 g-C_3N_4/伊利石光催化复合材料与纯 g-C_3N_4 催化剂相比，具有更高的量子利用效率与更强的吸附能力；由于同晶型替代作用，载体伊利石的表面呈电负性，形成的静电场促使 g-C_3N_4 内部的光生电子和空穴分离转移到表面，从而有效地促进了光生电子与污染物分子的碰撞反应，抑制了光生电子和空穴的复合，大大提高了量子效率。同时，g-C_3N_4/伊利石复合材料表现出了纯 g-C_3N_4 所不具备的良好吸附性能，而且复合结构有效建立了 g-C_3N_4 与伊利石的紧密界面，为载流子的有效传输和快速转移提供了可能。

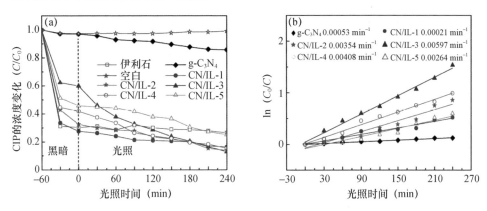

图 4.58　可见光下不同比例的 g-C_3N_4/伊利石复合材料对 CIP 的
光催化降解曲线（a）及准一级动力学曲线（b）

4.6　蒙脱石（膨润土）

蒙脱石是碱性介质中形成的外生矿物，风化于硅酸盐母岩（火山灰及凝灰岩），是构成斑脱岩、膨润土和漂白土的主要成分。其结构是由硅氧四面体和铝氧八面体组成的四面体片（T）、八面体片（O）相间排列而成，两个四面体片夹着一个八面体片组成 2∶1 型的 TOT 层。四面体以硅氧四面体为主，Si^{4+} 可被 Al^{3+} 等离子置换；八面体以六个氧原子或氢氧根离子组成，中心主要是 Al^{3+}，可被 Fe^{3+}、Fe^{2+}、Mg^{2+} 等离子取代，使蒙脱石表面具有反应活性的 L 酸点和 B 酸点。同时因有可溶物溶出形成特有的微孔结构，有良好的化学活性和物理吸附性能。晶系模式为单斜晶系，晶体呈片状或絮状以及毛毡状。薄片中为负突起，平行消光，正延性，二轴负晶。分子式为 $(Na，Ca)_{0.33}(Al，Mg)_2[Si_4O_{10}]$ $(OH)_2 \cdot nH_2O$，在晶体构造层间含水及一些交换阳离子，有较高的离子交换容量，具有较高的吸水膨胀能力。

由于成岩环境不同，晶格中的 Al^{3+} 可以被 Mg^{2+} 取代，这种同晶置换让蒙脱石带有永久性的结构负电荷，需要外来的阳离子平衡到电中性。这些被蒙脱石吸附的阳离子可以是碱土金属离子、过渡金属离子、有机阳离子等，此交换过程对光催化降解过程中污染物的迁移转化具有重要意义。除离子交换作用外，蒙脱石的 Si—O 四面体和 Al—O 八面体组成的层板结构是疏水的，有利于吸附疏水有机污染物。此外，蒙脱石断裂边缘存在 Si—OH 键等，具有催化或配位性质。上述性质同样对环境污染物的迁移转化有重要影响。蒙脱石表面带有的永久性负电荷，具有特殊的层板结构，层板之间具有限域空间，两层硅氧四面体夹杂一层铝氧八面体，之间通过硅（铝）氧共价键连接。同晶置换后，配位氧的电负性无法得到补偿，因而在层板上形成永久性负电荷位点，这些位点通过吸附层间阳离子达到电荷中性。在水溶液中，蒙脱石层与层之间依靠静电力作用叠加，层与层之间的距离一般为 $0.8\sim2.0nm$，环境污染物可在限域空间内发生反应，从而增加反应物的接触机会，提高反应速率。对于过渡金属离子饱和的蒙脱石来说，过渡金属离子对水分子的极化能力对光催化材料整体的催化性能有显著影响。过渡金属离子型蒙脱石，在脱水条件下，其可交换金属离子对水分子极化能力很强，因而具有良好的夺电子能力及酸性。另外，过渡金属离子饱和的蒙脱石还是质子供体，其质子来源于水分子的解离和吸附在负电荷位点的自由质子。吸附在蒙脱石表面的水分子的解离程度是溶液水的 10^7 倍。

膨润土是一种以蒙脱石为主要成分的非金属矿产，亦称蒙脱石黏土岩，常含少量伊利石、高岭石、埃洛石、绿泥石、石英、长石、方解石等；一般呈白色、淡黄色，因含铁量变化又呈浅灰、浅绿、粉红、褐红、砖红、灰黑色等。主要化学成分是二氧化硅、三氧化二铝和水，还含有铁、镁、钙、钠、钾等元素。按蒙脱石可交换阳离子的种类、含量和层间电荷大小，膨润土可分为钠基膨润土、钙基膨润土、天然漂白土，其中钙基膨润土又包括钙钠基和钙镁基等。膨润土具有强的吸湿性和膨胀性；有较强的阳离子交换能力；对各种气体、液体、有机物质有较强的吸附能力。

4.7 g-C₃N₄/蒙脱石（膨润土）复合材料的制备、结构与性能

g-C_3N_4（表示为 CN）粉末的制备方法如下：将 15g 三聚氰胺放入带盖的氧化铝坩埚中，加热至 550℃并保持 4h，加热速率为 2.3℃/min。然后将样品在 500℃下不加盖加热 2h，以获得更好的催化性能。冷却至室温后，收集最终得到的黄色产品，然后磨成粉末供进一步使用。

采用湿法和煅烧两步法合成 g-C$_3$N$_4$/蒙脱石（CN/M）复合材料。首先，通过十六烷基三甲基溴化铵插层制备有机蒙脱石（OM）。然后，以制备的 OM 为原料，制备 CN/M 复合材料。典型制备过程如下：将不同量的三聚氰胺添加到100mL 乙醇中，然后超声处理30min。之后，在60℃下均匀搅拌12h，将2g OM 粉末分散在上述溶液中。分散均匀后，将混合物溶液转移到旋转蒸发装置中，生成均匀的 CN/M 前驱体。最后，经过简单的研磨，煅烧得到最终的复合材料。合成的不同 CN/M 质量比的 CN/M 光催化复合材料，分别标记为 CN/M-1、CN/M-2、CN/M-3 和 CN/M-4。根据热重分析结果，g-C$_3$N$_4$ 在复合材料中的含量分别为10.29%、22.08%、31.86%和38.76%。为了比较，还制备了 CN/M 物理混合样品（CN+M）。将2g OM 粉（煅烧后与纯 CN 完全相同）和0.935g 纯 CN 加入100mL 乙醇中，通过磁搅拌法搅拌12h，制备出物理混合样品。最终产品在60℃的烘箱中干燥12h。具体的制备工艺流程图如图4.59所示。

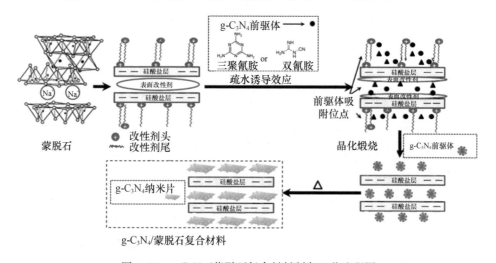

图 4.59　g-C$_3$N$_4$/蒙脱石复合材料制备工艺流程图

图4.60 展示了蒙脱石、g-C$_3$N$_4$ 和 CN/M-3 复合材料的形态和结构。由图4.60（a）可知，纯蒙脱石具有相对光滑的表面层状结构，不同大小的薄片聚集在一起。天然蒙脱石的层状结构为吸附污染物提供了较大的比表面积。从图4.60（b）可以看出，单层 g-C$_3$N$_4$ 显示了相互聚集的片状结构，这是其吸附能力差的原因。与纯蒙脱石相比，制备的 CN/M 复合材料的表面明显变得更粗糙。如图4.60（c）和（d）所示，g-C$_3$N$_4$ 片在蒙脱石层的表面上均匀密集地分布。

蒙脱石、g-C$_3$N$_4$ 和 CN/M-3 复合材料的高倍透射电镜图如图4.61所示。从图4.61（a）可以看出，蒙脱石具有清晰的层状结构。从图4.61（b）和（c）可以观察到 g-C$_3$N$_4$ 同样具有明显片状结构和清晰晶格条纹。对于 CN/M 复合材料，层状蒙脱石与 g-C₃N₄ 层紧密结合，如图 4.61（d）所示。蒙脱石与 g-C₃N₄ 的紧密结合有利于提高光生电子快速转移以及量子效率的提高。

图 4.60　（a）蒙脱石，（b）g-C₃N₄，（c）和（d）CN/M-3 扫描电镜图

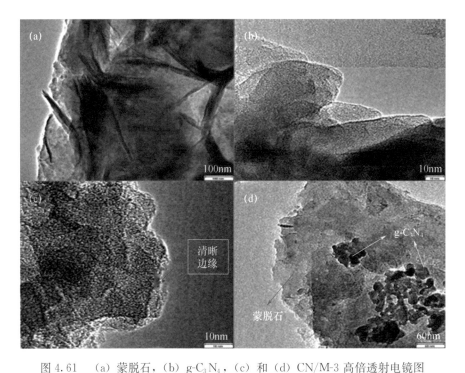

图 4.61　（a）蒙脱石，（b）g-C₃N₄，（c）和（d）CN/M-3 高倍透射电镜图

蒙脱石、g-C₃N₄、有机蒙脱石和 CN/M 复合材料的 XRD 图谱如图 4.62 所

示。对于纯 g-C_3N_4，12.8°和 27.8°处的特征衍射峰可归因于（100）和（002）衍射面。其中，12.8°处的特征峰可以归因于层间结构的堆积排列，而 27.8°处的特征峰则是由于共轭芳香体系的长程面间堆积所致。从蒙脱石的 X 射线衍射图可以看出，蒙脱石在 7.02°、19.74°、28.53°、34.84°和 61.94°处有五个特征峰，分别对应于蒙脱石的（001），（100），（004），（110）和（300）晶面（JCPDS No. 43-0688）。有机改性后，所得有机蒙脱石的 d（001）晶格间距由 1.258mm 增大到 1.787nm。通过离子交换，季铵盐阳离子取代无机阳离子后，基底间距增大。对于 CN/M 复合材料，g-C_3N_4 在 12.8°处由于强度较低而不能观察到特征峰。随着 g-C_3N_4 用量的增加，27.8°处 CN/M 的峰值强度增强。煅烧后 d（001）峰强度明显降低，这可能是由于表面活性剂在有机黏土中的构象由固态的全反式转变为液态的高切式，并在 400℃ 以上完全消除。根据表 4.8 中列出的模式峰和 Debye-Scherrer 方程的半高宽（FWHM），计算蒙脱石、有机蒙脱石和 CN/M 复合材料的（001）晶面间距，结果表明：随着三聚氰胺用量的增加，CN/M 复合材料的（001）晶面间距逐渐增大，有机改性剂的疏水作用有利于将更多的 g-C_3N_4 前驱体分子插入蒙脱石层间。

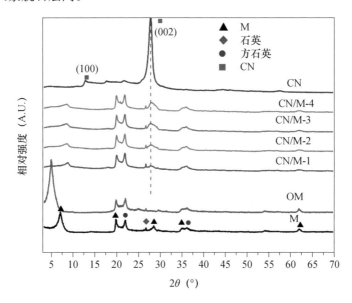

图 4.62 蒙脱石、有机蒙脱石、g-C_3N_4 及制备的 CN/M 复合材料的 XRD 图谱

表 4.8 蒙脱石、有机蒙脱石和 CN/M 复合材料的 d（001）晶格间距数据

样品	M	OM	CN/M-1	CN/M-2	CN/M-3	CN/M-4
d（001）（nm）	1.258	1.787	1.008	1.109	1.153	1.216

g-C_3N_4、蒙脱石和 CN/M-3 复合材料的 N_2 等温吸脱附曲线和 BJH 孔径分布

曲线如图 4.63 所示。表 4.9 显示了 g-C$_3$N$_4$、蒙脱石和制备的 CN/M-3 复合材料的比表面积（S_{BET}）、孔体积（V_P）以及平均吸附和解吸孔径。从图 4.63（a）可以看出，蒙脱石和 CN/M-3 的吸附等温线为 IV 型，根据国际纯粹与应用化学联合会（IUPAC）的规定，两者在 0.45～0.9 之间（P/P_0）呈现 H2 型的回滞曲线，表明存在介孔结构（2～50nm）。与蒙脱石的回滞曲线相比，制备的 CN/M 复合材料具有更大的回滞环，这可能是由于其比表面积较大所致。对于 g-C$_3$N$_4$，由于其整体的堆积特性，因而没有出现这种回滞现象。所得 CN/M 复合材料的孔径为 1～10nm，这有利于污染物分子在水中的吸附。由表 4.9 可知，CN/M-3 具有最大的 BET 比表面积、最大的孔体积和最小的孔径。随着 g-C$_3$N$_4$ 含量的增加，蒙脱石的某些吸附位点可能被 g-C$_3$N$_4$ 所覆盖。结果表明，蒙脱石的引入有利于形成高比表面积的复合材料，从而提高污染物降解过程中的吸附能力，并提供更多的反应活性位点。

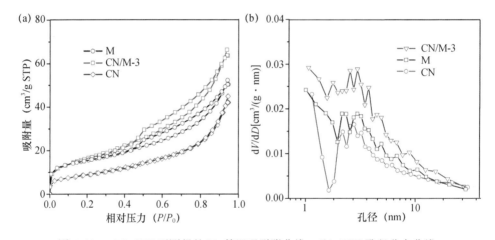

图 4.63　（a）77K 下测得的 N$_2$ 等温吸脱附曲线；（b）BJH 孔径分布曲线

表 4.9　CN/M 复合材料的表面与结构特征

样品	BET 比表面积（m^2/g）	孔体积（cm^3/g）	平均孔径（nm）
M	54.075	0.081	5.983
CN/M-1	52.230	0.093	7.134
CN/M-2	51.115	0.091	7.116
CN/M-3	60.089	0.103	6.833
CN/M-4	54.832	0.096	7.008
CN	21.464	0.050	9.290

　　为了研究蒙脱石、g-C$_3$N$_4$ 和制备的 CN/M 复合材料的光吸收特性，通过测试可得这些样品的 UV-Vis 漫反射光谱（DRS），如图 4.64 所示。结果表明，所

有样品对紫外光和可见光均有良好的吸收。如图 4.64 所示，纯 g-C_3N_4 从 480nm 开始吸收可见光区域的光，而蒙脱石在全光谱范围内表现出更均匀的光吸附能力。值得注意的是，与纯 g-C_3N_4 或蒙脱石相比，所制备的 CN/M 复合材料在可见光和紫外光范围内具有更高的吸收强度，这是由于 g-C_3N_4 与蒙脱石之间的紧密的界面接触所致。考虑到 CN/M 复合材料的强光吸收能力，因而复合材料在光照下可以产生更多的电子空穴对，这在氧化还原过程中起着关键作用。对于 CN/M 复合材料，由于 g-C_3N_4 与蒙脱石界面结合产生的缺陷或振动，会使得复合材料的光吸收能力大大提高。在不同 g-C_3N_4 配比的 CN/M 复合材料中，CN/M-3 表现出最强的吸收能力，其吸收边延伸至可见光区域，这有利于复合材料在光催化反应过程中吸收更宽波长范围内的光子。

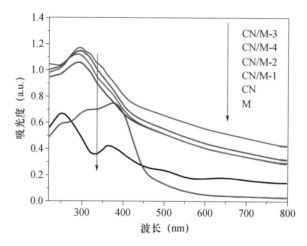

图 4.64　蒙脱石、g-C_3N_4 及 CN/M 复合材料的 UV-Vis-DRS

在可见光照射下（$\lambda>420$nm），主要通过光催化降解罗丹明 B（RhB）和四环素（TC）水溶液来评价 CN/M 复合材料的吸附和光催化活性。如图 4.65 所示，给出了所制备复合光催化剂的 RhB 和 TC 降解曲线及其相应的准一级动力学曲线。为了便于性能比较，我们同时测定了蒙脱石、g-C_3N_4 和 CN＋M 物理混合样品在相同条件下的去除效果。结果表明，所有样品在经历 1h 暗吸附后，在光照前均达到吸附和解吸平衡。如图 4.65（a）和（b）所示，与纯 g-C_3N_4 相比，所得 CN/M 复合材料对 RhB 和 TC 均具有较强的吸附能力。对于 RhB，带负电的蒙脱石会通过静电引力吸附带正电的 RhB 分子。另一方面，对于 TC，蒙脱石的阳离子交换性质会在吸附过程中发挥更重要的作用。整体而言，提高对 RhB 和 TC 的吸附能力有利于提高复合材料整体的光催化性能。此外，CN/M 复合材料表现出比 CN＋M 复合材料更高的降解活性。因此，CN/M 复合材料的高降解活性并不仅仅是由于吸附性能的提高。增强的光催化活性还应归因于 CN＋M 混合样品与复合材料组分界面的显著差异。与物理混合样品相比，得到的复合材料在 g-C$_3$N$_4$ 和蒙脱石之间表现出更强的结合。在 g-C$_3$N$_4$ 用量不同的 CN/M 复合材料中，当 g-C$_3$N$_4$ 的理论含量达到 31.86% 时，CN/M 复合材料表现出最佳的光催化活性。随着 g-C$_3$N$_4$ 投加量的增加，去除率略有下降，这可能是因为 g-C$_3$N$_4$ 在高投加量下的团聚效应所致。对于 CN/M-3 复合材料，RhB 和 TC 的最终去除率分别达到 87% 和 76%，几乎是纯 g-C$_3$N$_4$ 的两倍。

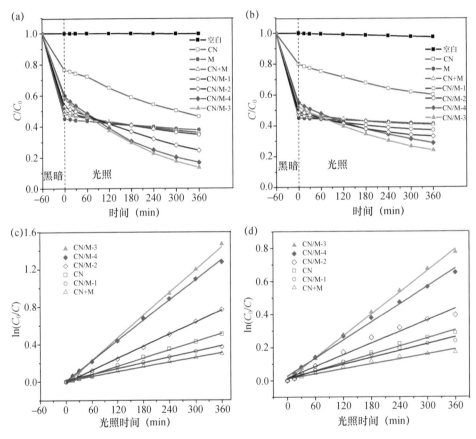

图 4.65 可见光下的光催化降解曲线 [RhB (a) 和 TC (b)] 及其
准一级动力学曲线 [RhB (c) 和 TC (d)]

4.8 累托石

累托石是一种具有特殊结构的层状铝硅酸盐黏土矿物，它的主要元素为硅、铝、氧，其中 SiO$_2$、Al$_2$O$_3$ 和 H$_2$O 的含量约为 90%。累托石是由二八面体云母和二八面体蒙托石组成的 1∶1 规则间层矿物，但其晶体结构不是简单的叠加，而是有规律地交替堆积而成。

产地不同，累托石的化学结构也不尽相同。大多数累托石层间可交换阳离子为 Ca^{2+}，少部分为 Na^+ 和 Mg^{2+}，其中我国湖北隆中的累托石层间可交换阳离子为 Na^+，湖北钟祥的累托石以 Ca^{2+} 为主要的可交换阳离子，其结构式为：$(Na_{0.79}K_{0.39}Ca_{0.26})_{1.44}Al_4[Si_6Al_2]_8O_{22} \cdot (Ca_{0.55}Na_{0.22}K_{0.01}Mg_{0.03})_{0.61}(Al_{4.1}Fe_{0.09}^{2+}Mg_{0.07})_{4.26}(Si_{6.46}Al_{1.54})_8O_{22}$。

蒙脱石层具有永久的负电荷，有阳离子交换特性，使累托石可以与其他无机、有机单一或复合阳离子（Na^+、Cu^{2+}、Ca^{2+}、季铵盐阳离子等）发生可逆交换。云母层使累托石具有很好的耐高温性能，研究表明，其耐火温度可达 1650℃，且在 500℃ 下累托石主体结构无显著变化。由于累托石亲水表面大，其在水系中具有良好的分散性和膨胀性，且经过碱处理后，累托石能够长期保持悬浮状态，有利于累托石基光催化复合材料的制备。利用累托石阳离子交换性能，可选择合适的交联剂对其进行改性，制备有机累托石、交联累托石，进而形成 1.5～4nm 之间的大孔径层柱状二维通道结构，且在大范围酸碱度、温度、水热条件下仍能保持结构稳定。此外，累托石层间的水化阳离子与层表面的负电荷可以形成胶体双电层，在水溶液中具有胶体性。

目前已有研究证明，将光催化材料负载到累托石表面，形成复合材料，可以有效增强光催化材料的催化性能，其优势主要体现在以下几个方面：（1）高比表面积：有利于实现光催化材料在其表面均匀负载，同时较大比表面积提升了复合材料对污染物分子的吸附性能，建立稳定的吸附-降解体系；（2）高水热稳定性：累托石经过改性后，在 800℃ 条件下仍能保持活性；（3）酸中心活性强，易与催化剂搭配，实现协同效应。

4.9 g-C₃N₄/累托石复合材料的制备、结构与性能

固定矿物载体累托石（RE）的用量，利用浸渍-煅烧法，制备 g-C₃N₄ 累托石复合材料（CNRE）。采用双氰胺为 g-C₃N₄ 前驱体，将不同质量（1.0g、2.0g、3.0g 和 4.0g）双氰胺分散到 60mL 去离子水中，同时在 60℃ 水浴条件下不断搅拌。随后，将 1.0g 累托石溶于上述溶液中并持续搅拌 12h。然后在 105℃ 下烘干悬浮液。最后将烘干后所得固体在 550℃ 条件下煅烧 4h。得到的材料分别命名为 CNRE-1∶1、CNRE-1∶2、CNRE-1∶3、CNRE-1∶4。

累托石、g-C₃N₄ 和 CNRE-1∶3 的物相结构如图 4.66 所示。在 2θ 为 7.25° 和 28.89° 处有两个相对强的峰，分别归属于累托石（JCPDS：29-1495）的

（002）和（008）晶面；另外在 2θ 为 17.88°、20.04°和 35.40°处的较弱衍射峰分别归属于累托石（005）、（100）和（113）晶面。在 g-C_3N_4 图谱中可以观察到在 13.08°的衍射峰，归属于（100）晶面，归因于三嗪单元的有序排列；在 27.58°处的衍射峰对应于（002）晶面，来源于芳香体系的层间堆叠。同时，这两个衍射峰也出现在 CNRE-1：3 的 XRD 图谱中，表明 g-C_3N_4 已成功地负载在累托石表面上。

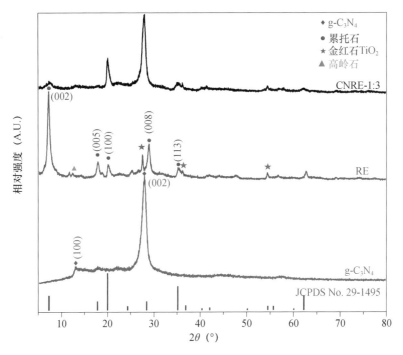

图 4.66　累托石、g-C_3N_4、CNRE-1：3 复合材料的 XRD 图谱

　　图 4.67 为累托石、g-C_3N_4 和 CNRE-1：3 复合材料的扫描电镜图。由图 4.67（a），（b）可知，g-C_3N_4 呈现出典型的层状结构，但有明显的团聚效应，导致 g-C_3N_4 比表面积比较小，电子-空穴对复合率比较高。如图 4.67（c）、（d）所示，累托石呈二维层状结构，纳米片表面光滑，这种结构有利于 g-C_3N_4 在其表面的负载。由图 4.67（e）、（f）可知，CNRE-1：3 保持了原有的二维层状结构，但表面变得粗糙，证明了 g-C_3N_4 与其产生了有效的界面结合。累托石的引入在一定程度上缓解了 g-C_3N_4 的团聚效应，增大了复合材料的比表面积，有利于对污染物分子的捕捉吸附，从而有效提升了复合材料的光催化性能。从元素面扫图中可以看出，C、N、O、Al、Si 元素在复合材料中分布均匀，进一步表明了 g-C_3N_4 在层状累托石上均匀分布。

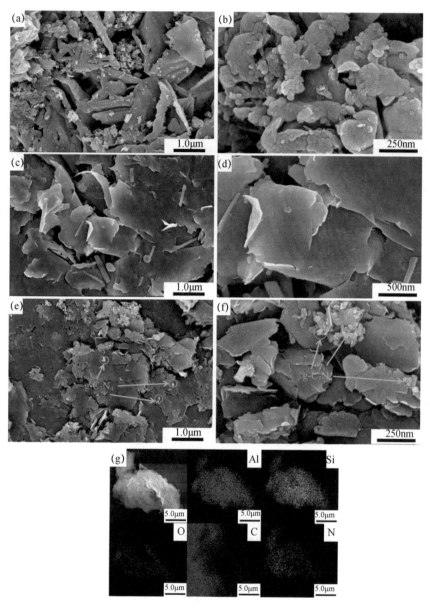

图 4.67　(a, b) 累托石，(c, d) g-C₃N₄，(e, f) CNRE-1∶3 复合材料
扫描电镜图；(g) CNRE-1∶3 复合材料元素面扫图

同时采用 N₂ 吸附-解吸等温测试研究了累托石、g-C₃N₄ 和 CNRE-1∶3 的比表面积和孔结构。从图 4.68 可以看出，所有样品的 N₂ 等温吸脱附线图均为Ⅱ型等温线，且具有 H3 型滞回曲线，表明所有产品具有介孔结构的特征。如图 4.68 (a)、(c) 所示，CNRE-1∶3 的孔径结构与累托石相似，表明 g-C₃N₄ 的引入并

未对累托石的孔结构带来明显的影响。如表 4.10 所示，CNRE-1∶3 和累托石的比表面积几乎相同，说明在 550℃煅烧过程中，累托石的结构没有遭到破坏。而 CNRE-1∶3 的比表面积和孔体积比 g-C$_3$N$_4$ 大，有利于暴露出更多的反应活性位点，同时建立良好的吸附降解体系。

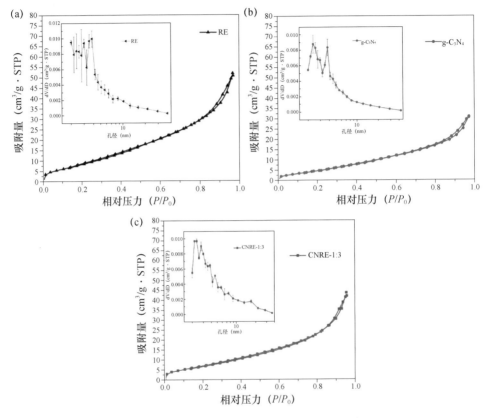

图 4.68　（a）累托石，（b）g-C$_3$N$_4$，（c）CNRE-1∶3 复合材料 N$_2$
等温吸脱附曲线及 BJH 孔径分布曲线

表 4.10　CNRE-1∶3 复合材料及其对照材料表面和结构特性

样品	BET 比表面积（m^2/g）	孔体积（cm^3/g）	平均孔径（nm）
RE	20.651	0.045	7.094
g-C$_3$N$_4$	24.091	0.051	8.151
CNRE	25.544	0.057	11.069

累托石、累托石-550℃、g-C$_3$N$_4$ 和 CNRE-1∶3 复合材料的 FTIR 光谱如图 4.69 所示。g-C$_3$N$_4$ 光谱图中主要有吸收区，3000～3500cm^{-1} 处的吸收峰归因于 N—H 和表面吸附水的拉伸振动；1637cm^{-1} 处的吸收峰是由于 C—N 键的

振动；1411cm^{-1}、1325cm^{-1} 和 1240cm^{-1} 处的吸收峰归因于芳香环的振动；806cm^{-1} 处的吸收峰符合三嗪单元的振动。累托石的主要吸收区为 960～1150cm^{-1}，这可能与硅氧四面体的 Si—O 拉伸振动有关，1635cm^{-1} 处的吸收峰对应于水的弯曲振动。从 CNRE-1:3 的 FTIR 谱图中可以发现 g-C$_3$N$_4$ 和累托石的吸收峰，表明 g-C$_3$N$_4$ 和累托石经浸渍和煅烧后结构保持相对完整。

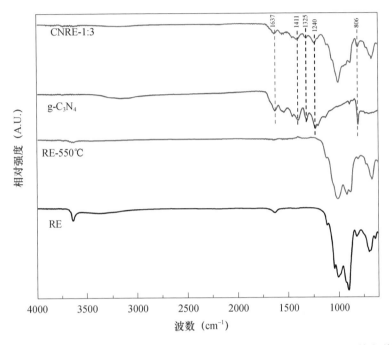

图 4.69 累托石、累托石-550℃、g-C$_3$N$_4$ 和 CNRE- 1:3 复合材料的红外光谱图

通过改变双氰胺加入量来研究负载量对制备得到的 g-C$_3$N$_4$/累托石复合材料在可见光下降解性能的影响，实验以环丙沙星（CIP）为目标污染物，试验结果如图 4.70（a）所示。经过暗吸附以后，g-C$_3$N$_4$ 对 CIP 的去除率仅为 12.3％左右，这可能是由于 g-C$_3$N$_4$ 具有较小的比表面积。随着双氰胺用量的增加，g-C$_3$N$_4$/累托石的吸附量增大，其中 CNRE- 1:3 具有最佳的吸附活性，对 CIP 的吸附量提高到 29.2％，这主要归因于累托石作为催化剂载体具有较高的比表面积，提升了复合材料的吸附能力。此外，累托石的引入有利于 g-C$_3$N$_4$ 的剥离，也提高了其对 CIP 的吸附能力。可见光照射 6h 后，由于累托石没有光催化性能，CIP 的降解率没有明显变化，g-C$_3$N$_4$ 的降解率为 33.4％，CNRE- 1:3 对 CIP 的降解效率最高（约 70％）。考虑到 g-C$_3$N$_4$ 与累托石的结合方式对 CIP 降解率的影响，根据 g-C$_3$N$_4$ 实际负载量，试验将累托石和 g-C$_3$N$_4$ 进行简单的物理混合（CNRE- MIX），在相同条件下进行催化降解，结果证明，CNRE- MIX 对 CIP 的

降解率远低于 CNRE-1：3，进一步证明了 g-C₃N₄ 与累托石实现了有效的界面结合。

$\qquad$图 4.70（b）为不同负载量的 g-C₃N₄/累托石复合材料在可见光下降解 CIP 的准一级反应动力学曲线。由图可知，CNRE-1：1、CNRE-1：2、CNRE-1：3、CNRE-1：4、CNRE-MIX 和 g-C₃N₄ 的反应速率常数分别为 0.00093min^{-1}、0.00150min^{-1}、0.00215min^{-1}、0.00202min^{-1}、0.00041min^{-1} 和 0.00038min^{-1}。结果表明，CNRE-1：3 的速率常数是 g-C₃N₄ 的 5.66 倍，是 CNRE-MIX 的 5.24 倍。天然累托石的引入不仅提高了复合材料的降解效率，而且降低了 g-C₃N₄ 光催化剂在实际应用中的用量。因此，考虑到天然累托石的廉价性和丰富性，g-C₃N₄/累托石复合材料是一种环保、经济的光催化材料。

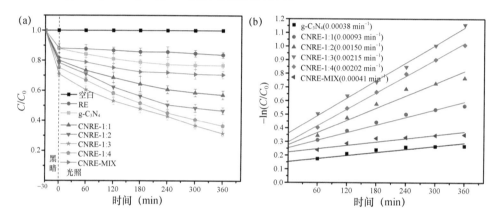

图 4.70　（a）可见光下不同负载量的 CNRE 复合材料对 CIP 的
光催化降解曲线以及（b）准一级动力学曲线

5 凹凸棒石及海泡石负载型光催化复合材料

5.1 凹凸棒石

凹凸棒石是一种层链状结构的含水富镁铝硅酸盐黏土矿物。凹凸棒石晶体的基本结构单元是由平行于 c 轴的硅氧四面体双链组成，链中硅氧四面体自由氧原子的指向（即硅氧四面体的角顶）每四个一组，上下交替排列。顶点氧原子分别指向（010）和（100）晶面方向，与 Mg（Ⅱ）、Al（Ⅲ）等八面体组成离子进行配位，形成由连续的四面体层和不连续的八面体层组成的、沿（001）方向无限延伸的 2∶1 型链层单元，其中四面体基平面之间距离约为 0.66nm，与云母中四面体结构类似。各链层单元通过 Si—O—Si 键连接，形成截面尺寸为 0.37nm×0.64nm 的沸石状孔道。凹凸棒石的显微结构包括三个层次：一是凹凸棒石的结构单元，即棒状单晶体，简称棒晶；二是由棒晶紧密平行聚集而成的棒晶束，简称晶束；三是由晶束和棒晶间相互聚集，最终形成微米级别的凹凸棒石颗粒。凹凸棒石具有众多平行于棒晶方向排列的纳米级孔道，而且其外比表面积也很大，因此具有较大的比表面积。

不同价态金属离子类质同晶取代造成凹凸棒石带有结构负电荷，同时天然凹凸棒石中结构缺陷和表面残缺价键的存在使其具有表面负电荷，因而表现出一定的胶体和吸附性能。为了补偿这些负电荷，凹凸棒石晶体孔道内或棒晶表面还存在一定量的可交换阳离子，使凹凸棒石具有表面双电层和一定的阳离子交换容量。因此，凹凸棒石表现出优异的胶体、吸附、载体和补强性能。此外，凹凸棒石晶体内部的多孔道，较大的比表面积，以及特殊的链层状晶体结构和形貌，使其成为一种优异的光催化剂载体材料。

凹凸棒石作为光催化剂载体的主要作用是：（1）载体将催化剂粒子固定可防止催化剂的流失并且易于回收重复利用，克服了悬浮相中催化剂不便回收的缺点；（2）载体可提高催化剂的利用率，即在载体表面覆盖了一层催化剂粒子，能有效增加它的比表面积，进而增加有效催化剂的量；（3）部分载体可同光催化剂发生相互作用，有利于电子和空穴的分离并增强对反应物的吸附，提高光催化剂的催化活性；（4）提高光照能量的利用率，催化剂负载于载体上提高了催化剂粒子的分散程度，受到光照射的催化剂粒子数目增加，从而提高其光催化活性；（5）用载体将催化剂固定，便于对催化剂进行表面修饰并制成各种形状的反应器。

5.2 纳米 TiO_2/凹凸棒石复合材料的制备、结构与性能

5.2.1 TiO_2/凹凸棒石复合材料

TiO_2/凹凸棒石复合材料的制备：称取一定量的凹凸棒石和蒸馏水放入三口瓶中，持续搅拌形成均匀的悬浮液之后加入少量的浓盐酸，随后滴入一定浓度的 $TiCl_4$ 溶液。数分钟后，将按比例配好的硫酸铵水溶液滴加到上述 $TiCl_4$ 水溶液中，混合搅拌一段时间后，将混合物水浴加热并保温。滴加氨水溶液，反应后过滤、洗涤，然后干燥、煅烧，即得到纳米 TiO_2/凹凸棒石复合材料。纳米 TiO_2/凹凸棒石复合材料制备工艺流程见图 5.1。

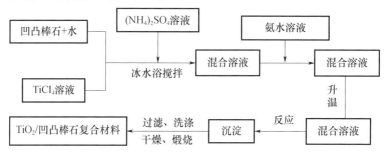

图 5.1　纳米 TiO_2/凹凸棒石复合材料制备工艺流程

图 5.2 为凹凸棒石与 TiO_2/凹凸棒石复合材料的透射电镜照片。从图 5.2 (a) 中可以看出凹凸棒石样品在透射电子显微镜下表现出典型的纤维状单晶体，单体之间经常相互交生，形成团状、束状和网络状集合体形态，单纤维长度一般在 200～1800nm，宽 10～40nm。在图 5.2 (b) 中，可看到凹凸棒石内部平行于棒晶方向排列的纳米级孔道结构产生的衍射条纹。图 5.2 (c) 和 (d) 为 TiO_2/凹凸棒石复合材料的透射电镜图，可以很清楚地看到纳米 TiO_2 均匀地分散在凹凸棒石的载体表面，表明引入凹凸棒石载体对 TiO_2 纳米颗粒具有很好的分散作用，这有利于复合材料光催化性能的提升。

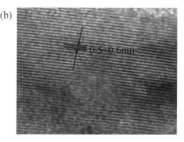

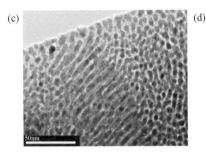

图 5.2　凹凸棒石（a，b）和纳米 TiO_2/凹凸棒石复合光催化材料（c，d）的透射电镜图片

图 5.3 为复合材料分别在不同温度下进行煅烧后的 XRD 衍射图，对每条曲线经过寻峰、检索分析后总结可知，$2\theta=25.28°$、$48.0°$、$53.89°$分别对应于锐钛型 TiO_2 的（101）、（200）、（105）晶面。在最低煅烧温度 300℃时，开始出现锐钛型 TiO_2，锐钛型 TiO_2 晶体的衍射峰从 300℃开始随着煅烧温度的升高逐渐变强，这说明在样品表面包覆的无定型 TiO_2 粒子在煅烧时逐渐转化为锐钛型 TiO_2，且随着温度的升高，锐钛型 TiO_2 衍射峰逐渐增强和变尖锐，说明煅烧温度越高，锐钛型 TiO_2 晶体含量越高，结晶程度越好；$2\theta=27.44°$、$36.09°$、$54.32°$分别为金红石型 TiO_2 晶体的衍射峰，当煅烧温度为 500℃时，复合材料中开始出现金红石型 TiO_2 晶体，含量较低，随煅烧温度升高，金红石型 TiO_2 含量逐渐增高。综上，煅烧温度对样品中 TiO_2 晶体性质影响较大。通过谢乐公式：$D=k\lambda/\beta cos\theta$（式中 D 为晶粒尺寸，$k=0.89$，波长 $\lambda=0.154056nm$，β 为半峰宽，θ 为衍射角）可得到 TiO_2 的晶粒尺寸，计算结果见表 5.1。可以看出，随着煅烧温度的升高，TiO_2 的晶粒尺寸呈现逐渐增大的趋势，这是由于在较高的煅烧温度条件

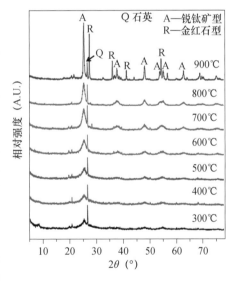

图 5.3　复合材料在不同煅烧温度下的 XRD 图谱

下，TiO_2 的晶粒会互相粘结，从而出现晶粒较大的二次粒子。一般情况下，较大的 TiO_2 晶粒会影响材料的光催化性能。

表 5.1　不同煅烧温度下复合材料中 TiO₂ 晶体粒度与晶型含量

样品	D_A (nm)	D_R (nm)	X_A (%)
300℃	5.5	0	100
400℃	5.6	0	100
500℃	6.1	29.2	95.91
600℃	6.7	36.3	86.77
700℃	7.9	57.4	76.14
800℃	9.8	63.4	78.12
900℃	15.1	108.5	49.71

注：D_A 为锐钛矿相晶粒尺寸，D_R 为金红石相晶粒尺寸，X_A 为锐钛矿 TiO₂ 所占比例。

不同煅烧温度下制备的复合材料的光催化降解甲醛实验在封闭的环境舱内进行，以 40W 白炽灯作为激发光源。在每次实验中，将 5g 被测试样品与适量去离子水混合后均匀地平铺在 400mm×450mm 玻璃板表面，再用电热风筒的热风将样品风干，去除水分后放入环境舱内，然后注入一定量的甲醛溶液，通过舱内的风扇使得甲醛完全挥发，暗吸附 1h 之后，开灯进行光催化性能测试，从暗吸附开始每隔 1h 用大气采样器以 0.5L/min 的流量采集舱内的气体 20min，最后按照国家标准《空气质量　甲醛的测定　乙酰丙酮分光光度法》（GB/T 15516—1995）中规定的方法测定甲醛的浓度，并计算得到甲醛的去除率，结果如图 5.4 所示。由图可知，不同样品对甲醛的降解率随煅烧温度的增高而呈现先升高后降低的趋势。煅烧温度为 300℃时，样品的甲醛降解率较低，为 56%；样品煅烧温度分别为 400℃、500℃、600℃、700℃、800℃和 900℃时，甲醛降解率依次为 59%、69%、91%、83%、74%和 74%。煅烧温度 600℃时，复合材料的光催化性能最好。结合图 5.5 和表 5.2，对样品的 UV-vis 吸收光谱和禁带宽度数据进行分析可知，煅烧温度越高，样品的吸收峰红移值越大，波长吸收阈值 λ_{os} 越大，禁带宽度 F_g 越小，说明样品可吸收的可见光波长越长。但由吸收曲线的吸光度可知，600℃、700℃、800℃、900℃时样品的光谱吸收峰明显减弱，吸收峰强度明显降低，说明其对可见光的吸收能力下降，表现为其对甲醛的降解能力下降。结合复合材料对甲醛的降解率（图 5.4）可知，复合材料中纳米 TiO₂ 的晶型和含量同材料的甲醛降解率和样品的禁带宽度有密切关系。煅烧温度低于 600℃的复合材料由于其结晶程度不是太高，从而影响其光催化降解甲醛性能；但当煅烧温度超过 600℃后，由于 TiO₂ 的晶体粒度过大，导致复合材料的甲醛降解率降低。因此，复合材料中纳米 TiO₂ 的结晶程度越高，粒度越小，对光催化降解甲醛性能越有利。

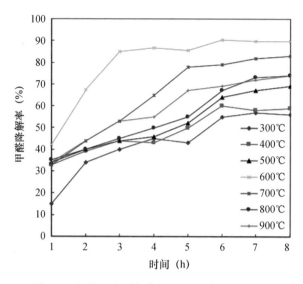

图 5.4 煅烧温度对复合材料甲醛降解率的影响

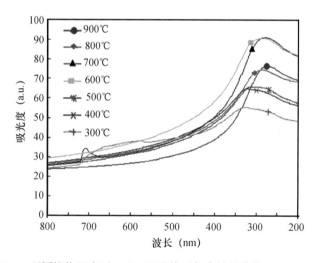

图 5.5 不同煅烧温度下 TiO_2/凹凸棒石复合材料紫外可见吸收光谱

表 5.2 不同煅烧温度下复合材料吸收波长阈值和禁带宽度

煅烧温度	吸收波长阈值 λ_{os}（nm）	禁带宽度 E_g（eV）
300℃	425.8	2.91
400℃	439.7	2.82
500℃	444.4	2.79
600℃	462.1	2.68

续表

煅烧温度	吸收波长阈值 λ_{os}（nm）	禁带宽度 E_g（eV）
700℃	470.4	2.64
800℃	491.1	2.52
900℃	508.7	2.43

5.2.2　V-TiO$_2$/凹凸棒石复合材料

以钛酸四丁酯（TBOT）为原料，无水乙醇为溶剂，在室温条件下，利用溶胶凝胶法，通过 TBOT 的水解反应在凹凸棒石上负载 V 掺杂纳米 TiO$_2$。材料制备步骤如下：首先，取 28mL 无水乙醇，将计量好的偏钒酸铵［掺杂量为 n（V^{5+}）：n（Ti^{4+}）＝0.25%、0.5%、1%、2%］加入其中，完全溶解后，加入 2.0g 凹凸棒石，磁力搅拌 30min 后依次逐滴添加 2.0mL 冰醋酸和 3mL 钛酸四丁酯；另外将 12mL 无水乙醇和 12mL 去离子水混合搅拌，加浓盐酸调节 pH＝2。然后将此酸性溶液逐滴加入到上述矿浆中，室温条件下胶溶反应 12h。最后，在 105℃ 下干燥 12h，得到 V-TiO$_2$/凹凸棒石复合材料，将掺杂量为 0.5% 的复合材料分别在 250℃、300℃、350℃、400℃、450℃ 下煅烧 2h，升温速率 2.5℃/min，得到的样品分别命名为 PT250～PT450；其他掺杂量在 400℃ 下煅烧。对照组样品 TiO$_2$、V-TiO$_2$（掺杂量 0.5%）以及 TiO$_2$/凹凸棒石制备工艺同上，煅烧温度均为 400℃。具体制备工艺流程图如图 5.6 所示。

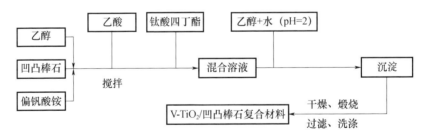

图 5.6　V-TiO$_2$/凹凸棒石复合材料工艺流程图

图 5.7 为不同煅烧温度下制备的复合材料的 XRD 图谱［其中 PT 是未煅烧干燥样品，PT250～PT450 是不同煅烧温度下的 V-TiO$_2$/凹凸棒石（V 掺量 0.5%）］。从图中可以看出，随着煅烧温度的升高，TiO$_2$ 逐渐由无定型转变为锐钛矿型，在 2θ＝25.367°（101）、37.909°（004）和 48.158°（200）等处出现了锐钛矿型 TiO$_2$（PDF 01-073-1764）的特征衍射峰。随着煅烧温度的提高，锐钛矿衍射峰强度逐渐增高，说明其结晶逐渐趋于完善。根据谢乐公式计算不同煅

烧温度下样品的锐钛矿相晶粒度，结果列于表5.3。从表中可以看出：煅烧后的 TiO_2 晶粒度在 $11\sim13nm$，在 $400℃$ 时获得最小晶粒度；负载型 TiO_2 晶粒度小于无载体纯 TiO_2 的晶粒度（$15\sim20nm$）。这说明凹凸棒石的引入有效抑制了单体 TiO_2 晶粒的生长，而且较小的晶粒尺寸有助于提升复合材料的光催化性能。$2\theta=8.83°$（110）为凹凸棒石的结构特征峰（PDF 01-088-1950）。随着煅烧温度的提升，凹凸棒石的特征峰峰强逐渐减弱，这主要是由于吸附水及结构水的脱除导致凹凸棒石结构完整性降低。

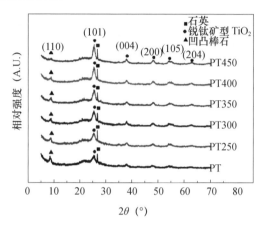

图 5.7　不同煅烧温度下 $V\text{-}TiO_2$/凹凸棒石（V 掺量 0.5％）XRD 图谱

为了进一步研究煅烧温度对复合材料表面性质的影响，利用静态氮吸附仪对复合材料的比表面积、孔径及孔体积进行了测定，结果列于表5.3。从表中可以看出，随着煅烧温度的提升，材料比表面积和孔体积呈下降的趋势，一方面是由于煅烧过程中凹凸棒石孔道结晶水的脱除造成孔结构的变化，另一方面则可能是由于 TiO_2 粒子发生了团聚。

表 5.3　不同煅烧温度下材料中锐钛矿相（101）面晶粒尺寸、比表面积及孔结构特性

样品	晶粒度（101）（nm）	BET 比表面积（m^2/g）	平均孔径 nm	孔体积（cm^3/g）
凹凸棒石	—	251.696	4.654	0.292
PT	—	239.675	5.179	0.310
PT 250℃	12.85	225.382	5.208	0.298
PT 300℃	11.53	217.214	2.269	0.283
PT 350℃	11.47	208.253	5.310	0.276

续表

样品	晶粒度（101）（nm）	BET 比表面积（m^2/g）	平均孔径 nm	孔体积（cm^3/g）
PT 400℃	11.05	313.567	5.194	0.271
PT 450℃	12.15	194.385	5.486	0.257

图 5.8 是不同材料的扫描电镜及能谱图。从图 5.8（a）可以看出，凹凸棒石呈棒状，个体与个体间并排、杂乱紧密排列，聚集体间无规则堆砌，整体结构疏松、多孔。由图 5.8（b）可知，V-TiO_2 样品中颗粒致密排列，团聚现象较为严重；从图 5.8（f）中可知，复合材料的 EDS 图谱中检测出了 V 元素，与 Ti 元素之比约为 0.35%，基本符合实际掺杂量（0.5%）；已有研究表明，V 元素掺杂能够显著提升 TiO_2 的表面羟基浓度以及载流子迁移速率，掺杂后 V 元素表现为两种价态：V^{4+}（0.072nm）和 V^{5+}（0.068nm）；随着掺杂比例的提升，V^{4+} 的占比会逐渐提升，因为 V^{4+} 与 Ti^{4+} 离子半径和价键较为接近，因而 V^{4+} 易于取代 TiO_2 晶型中的 Ti^{4+}（0.074nm）形成杂质能级，从而提升载流子的分离效率及量子效率，继而提升材料的光催化性能。对比图 5.8（c，d，e），可以看出 TiO_2 纳米颗粒均匀负载在凹凸棒石的表面，与纯纳米 TiO_2 相比分散性显著提高，增加了材料表面活性位点，使复合材料催化降解过程中与目标污染物接触面积增加，有利于提升对污染物的降解效率。

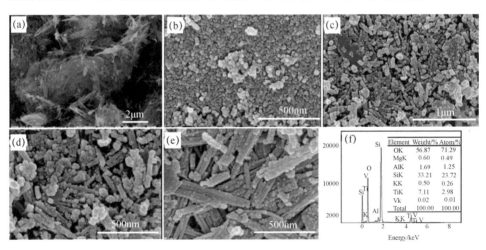

图 5.8 （a）凹凸棒石，（b）V-TiO_2（V 掺量 0.5%），（c，d，e）V-TiO_2/凹凸棒石（V 掺量 0.5%）的 SEM 照片及（f）EDS 图谱

图 5.9 是不同材料的透射电镜图。从图 5.9（a）中可以看出凹凸棒石直径为 10～20nm。由图 5.9（b，c，d）可知，负载后凹凸棒石表面变得粗糙，催化剂纳米颗粒较均匀地附着在凹凸棒石表面，粒子直径为 10～13nm。

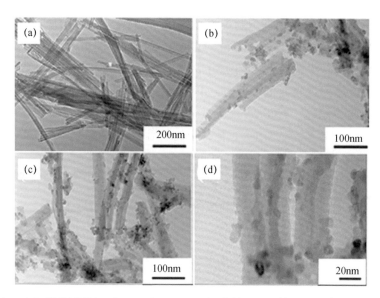

图 5.9 (a) 凹凸棒石和 (b, c, d) V-TiO$_2$/凹凸棒石 (V 掺量 0.5%) 的 TEM 照片

图 5.10 是不同材料的禁带宽度以及固体紫外图。从图中可以看出, TiO$_2$ 的起始吸收边缘大约在 400nm, 紫外光区吸收强烈而可见光区吸收较弱, 其电子的跃迁是从价带 O 2p 轨道跃迁到导带 Ti 3d 轨道, 带隙能较大, 因而只能被紫外光激发。由于 V 元素的引入, 相比于掺杂前, V-TiO$_2$/凹凸棒石 (V 掺量 0.5%) 在可见光区展现了更强的吸收, 而 V-TiO$_2$ (V 掺量 0.5%) 在全波段都展现了较好的吸收。对于 V 掺杂样品, V^{4+} 可以取代 TiO$_2$ 晶格中的 Ti^{4+}, 形成 V 3d 杂质能级, 从而降低带隙宽度, 增强对可见光的响应。

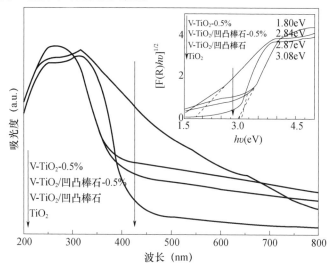

图 5.10 不同材料固体紫外-禁带宽度图

图 5.11 是不同煅烧温度下制备的 V-TiO$_2$/凹凸棒石（V 掺量 0.5％）在模拟太阳光下光照 4h 后对罗丹明 B 溶液的去除率情况。由图可知，随着煅烧温度的升高，复合材料对罗丹明 B 溶液的去除率先上升后下降，在 400℃时去除率达到最大。这可能是因为当温度较低时，TiO$_2$ 结晶度较低，因而光催化活性较低；随着煅烧温度的提升，TiO$_2$ 结晶趋于完善，活性逐渐提升，而当温度过高时，则会因为锐钛矿相结晶粒度过大，使得催化剂活性反而降低。

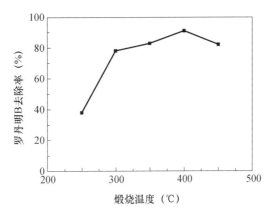

图 5.11 　V-TiO$_2$/凹凸棒石（V 掺量 0.5％）罗丹明 B 溶液去除率随煅烧温度的变化

图 5.12 是不同材料在模拟太阳光下对罗丹明 B 溶液的去除情况。从图中可以看出，引入载体凹凸棒石的复合材料暗吸附 60min 后罗丹明 B 溶液的去除率已达 50％左右，这主要由于凹凸棒石具有较大的比表面积以及发达的孔结构，而良好的吸附能力有助于在液相环境中建立吸附-降解协同体系，从而提升材料的总体性能；复合材料 V-TiO$_2$/凹凸棒石（V 掺量 0.5％）在模拟太阳光下光照 4h，最终对 RhB 的去除率可达 90％以上，光催化性能优于其他几种对比材料。不同材料降解过程的准一级动力学拟合曲线及反应速率常数见图 5.12（b）。从图中可以看出，复合材料 V-TiO$_2$/ 凹凸棒石（V 掺量 0.5％）的反应速率明显高于其他材料，说明了 V-TiO$_2$/凹凸棒石（V 掺量 0.5％）复合材料的光催化效率最高。图 5.12（c）给出了 V-TiO$_2$/凹凸棒石（V 掺量 0.5％）的重复利用实验结果，从中可以看出，经过四次利用，催化剂仍然具有较高的活性，说明了复合材料具有较高的稳定性；催化剂的回收率在 90％左右，载体的引入有助于催化剂回收率的提升（对照实验中 TiO$_2$ 的回收率在 72％左右）。综上所述，V-TiO$_2$/凹凸棒石复合材料优异的整体性能得益于 V 元素引入的杂质能级、较小的 TiO$_2$ 晶粒尺寸以及载体的分散与吸附效应。

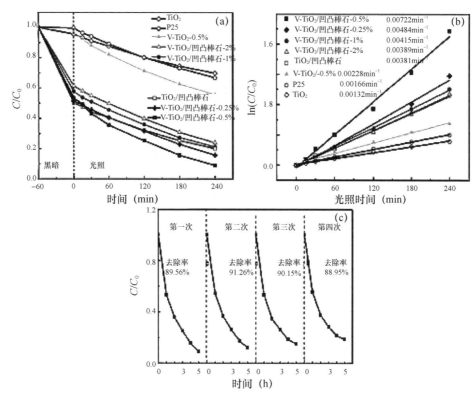

图 5.12　（a）不同材料的罗丹明 B 去除率随时间的变化；（b）动力学拟合曲线；
（c）V-TiO$_2$/凹凸棒石复合材料（V 掺量 0.5%）重复利用结果

5.3　海泡石

　　海泡石（Sepiolite）是一种富镁纤维状硅酸盐黏土矿物。在其结构单元中，硅氧四面体与镁氧八面体相互交替，具有层状和链状结构的过渡型特征。海泡石中有贯穿整个结构的孔道和孔隙，具有类似分子筛的孔结构，其单元层孔洞宽为 0.38～0.98nm，最大者可达 0.56～1.10nm。呈纤维状的海泡石沿纤维延长方向存在着定向的孔道，且表面多沟槽。这种特殊结构使其具有较大的比表面积和丰富的孔隙结构，比表面积最高可达 800～900m^2/g，从而表现出良好的吸附性能。因此，海泡石在工业上常常被用作 Zn、Cu、Ni、Co 和 Fe 等的载体，用于脱金属、脱沥青、加氢脱硫及加氢裂化等过程。另外，在新型光催化复合材料的开发中，海泡石以其良好的孔结构和较大的比表面积，优异的吸附性能，原料来源广泛以及价格低廉等优势，成为光催化剂载体的优良选择。

5.4 纳米 TiO_2/海泡石复合材料的制备、结构与性能

研究表明，TiO_2/海泡石复合材料由于具有氧化能力强、化学性能稳定、价格低廉等优点，在环保、装饰装修、建材等领域展现出良好的应用前景。然而，所负载的 TiO_2 作为一种 n 型半导体，其较大的能带隙使得只有紫外光才能有效地激发其价带电子跃迁到导带，所以其对太阳能的利用率仅为 3%～5%，这制约了该项技术的实际应用。因此，扩展 TiO_2 的响应波长来充分利用太阳光的改性技术已经成为 TiO_2 光催化技术领域的研究热点，具有重要的理论意义和实际应用价值。在众多扩展 TiO_2 响应波长的技术手段中，半导体复合技术已被证实是一种最有效的技术手段。两种半导体耦合可以形成一种异质结构，利用两种半导体能级结构的互补性，达到促进光生电子和空穴对分离、转移和传递的目的，从而有效地抑制光生电子和空穴的复合，显著提高某一半导体的可见光的光催化效率。此外，还可能增加半导体光催化剂的稳定性。研究证实 BiOCl 和 BiOBr 半导体材料可表现出独特的层状结构、电子特性、光学性质以及良好的光催化活性和稳定性，已被认为是可与 TiO_2 复合形成 p-n 型异质结构的优良选择。

5.4.1 BiOCl/TiO_2/海泡石复合材料

（1）不同催化剂比例的复合材料制备与表征

典型的制备工艺如下：首先将 5g 海泡石和 150mL 蒸馏水混合，在烧杯中磁力搅拌 30min，形成矿浆。然后通过蠕动泵将 $TiOSO_4$ 溶液（1mol/L）滴入上述矿浆中。磁力搅拌 15min 后，采用氨水溶液（体积比 $\varphi=1:2$）将混合溶液的 pH 值调节至 4.5，然后连续搅拌反应 2h 后过滤，用蒸馏水洗涤形成滤饼状产物。随后，将制备好的滤饼均匀地分散在 100mL 蒸馏水中，并加入溶有 Bi$(NO_3)_3 \cdot 5H_2O$ 的冰醋酸溶液（体积比 $\varphi=1:5$）中，剧烈搅拌 20min 后，逐滴加入 30mL 的 KCl 溶液 [n（Bi）：n（Cl）$=1:1.5$]。然后，用氨水溶液（体积比 $\varphi=1:2$）将溶液的 pH 值调至 6，并在室温下连续搅拌反应 2h。随后，将收集的沉淀物通过去离子水过滤并洗涤至中性。在 105℃下干燥 6h，最后在马弗炉中 500℃下煅烧 2h。通过 $r=m_{BiOCl}/(m_{TiO_2}+m_{BiOCl})$ 的质量比（设为 0、30%、50%、70%、100%）来调整 BiOCl 和 TiO_2 在复合材料中的比例。在此，$r=0$ 对应于 TiO_2/海泡石，而 $r=100\%$ 对应于 BiOCl/海泡石。因此，样品依次标记为 T-S、BT-S-r（$r=30\%$、50% 和 70%）和 B-S。图 5.13 为 BiOCl/TiO_2/海泡石复合材料的主要合成路径。另外，为了与纯催化剂性能对比，在不添加海泡石的条件下，通过类似的方法可制备纯 TiO_2 和 BiOCl。

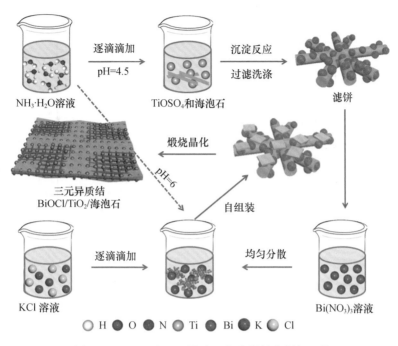

图 5.13 BiOCl/TiO₂/海泡石复合材料的制备工艺

如图 5.14 所示，海泡石样品在 7.4°时能清晰地观察到海泡石的（110）特征衍射峰，与标准图谱（JCPDS No.13-0595）一致。此外，也能看到滑石和石英杂质特征峰。出现在 25.3°、37.8°、48.0°、53.9°和 55.1°处的衍射峰，与标准锐钛矿 TiO₂ 相（JCPDS 21-1272）的（101）、（004）、（200）、（105）和（211）晶面相匹配。此外，BiOCl 图谱在 12.1°、24.3°、26.0°、32.6°和 33.6°处的特征峰分别对应于 BiOCl（JCPDS 06-0249）的（001）、（002）、（101）、（110）和（102）晶面。所有 BT-S-r（r＝30%、50% 和 70%）复合材料与其他纯样品相比，均显示出海泡石、TiO₂ 和 BiOCl 的特征峰。值得一提的是，BT-S-r 复合材料中 25.3°左右的峰变化显示了 TiO₂、BiOCl 和海泡石之间存在相互作用，表明已成功构建了三元异质结结构。显然，随着 $r＝m_{BiOCl}/(m_{TiO_2}＋m_{BiOCl})$ 的增加，7.4°、9.6°、21.0°、25.3°、26.7° 和 28.7°处的衍射峰强度逐渐减弱，而 BiOCl 的特征峰逐渐增强。此外，根据 Debye-Scherrer 方程计算了样品中 TiO₂ 和 BiOCl 的平均晶粒尺寸，并汇总在表 5.4 中。结果表明，随着 BT-S-r 中 TiO₂ 含量的增加，TiO₂ 和 BiOCl 的晶粒尺寸均呈现出逐渐增大的变化趋势。但是，海泡石样品中 TiO₂ 和 BiOCl 的粒径均小于纯催化剂。基于上述表征，可以得出海泡石的引入和两种催化剂的适当配比可以有效地控制沉积的 TiO₂ 纳米颗粒和 BiOCl 纳米片的晶粒尺寸，这有助于提高其光催化活性。

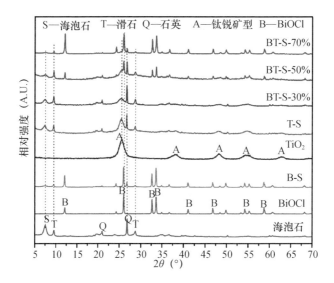

图 5.14　海泡石、纯 BiOCl、纯 TiO$_2$ 及 BiOCl/TiO$_2$/海泡石复合材料样品的 XRD 图谱

表 5.4　各样品的比表面积、孔结构特性及计算的催化剂晶粒尺寸

样品	S_{BET} (m^2/g)	孔体积 (cm^3/g)	平均孔径 (nm)	晶粒尺寸（nm）	
				TiO$_2$	BiOCl
海泡石	164.0	0.203	6.1	—	—
TiO$_2$	59.4	0.130	6.8	18.3	—
BiOCl	2.9	0.008	7.6	—	46.9
BT-S-30	134.0	0.248	6.4	15.6	20.3
BT-S-50	96.6	0.217	7.2	11.1	24.1
BT-S-70	84.0	0.165	7.4	9.2	32.5

　　如图 5.15 所示，海泡石、BiOCl 和 BT-S-50％的 N$_2$ 吸附脱附等温线呈现出典型的 IUPAC Ⅳ 型吸附特征以及 H3 型窄回滞环，表明样品结构中存在介孔结构，这可以通过图 5.15 插图中相应的孔径分布（2～50nm）进一步证实。图 5.15（a）和（d）的插图表明海泡石还具有微孔结构，而 BT-S-50％样品比海泡石具有更宽的孔径分布，这说明加入 TiO$_2$ 和 BiOCl 后，BT-S-50％的孔径中心向更大的孔径区（2～8nm）移动，与表 5.4 中的平均孔径测量结果一致。这种变化表明在三元异质结构的形成的过程中，形成的是中孔而不是微孔。另外，根据表 5.4，海泡石（164.0m^2/g）的 BET 比表面积大于其他样品，这表明

在 500℃的煅烧过程中，海泡石的有序层状结构可能受到一定程度的破坏，从而影响了其孔结构特性。另一方面，复合材料 BT-S-r 的 BET 比表面积和孔体积均随 BiOCl 含量的增加而减小。但 BT-S-r 仍具有比纯 TiO₂ 和 BiOCl 更大的 BET 比表面积和孔体积，这有利于构建更多的吸附和降解活性位点。

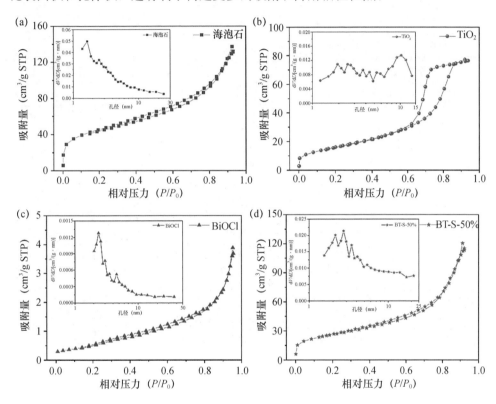

图 5.15 海泡石、纯 BiOCl、纯 TiO₂ 及 BT-S-50%复合材料样品的 N₂
吸附脱附曲线和 BJH 孔径分布曲线

由图 5.16（b）和（d）可知，纯 TiO₂ 呈现出不均匀和大颗粒结构以及 BiOCl 的片状堆积结构，这主要归因于无负载情况下，纯催化剂的团聚效应。图 5.16（a）的海泡石呈现出纤维结构，且该纤维结构倾向于形成直径约为 0.2μm、长度达 2.4μm 的束状结构。由图 5.16（c）和（e）可知，该结构有利于二氧化钛颗粒和片状 BiOCl 的有效分散。这说明海泡石载体可以很好地解决纯光催化剂的团聚问题。另外，在图 5.16（e）和（f）中可以清楚地观察到 BiOCl/TiO₂/海泡石三元异质结复合材料，在此结构中 BiOCl 纳米片、TiO₂ 纳米颗粒和纤维状海泡石彼此之间紧密结合，可为光催化反应提供更多的活性位点，并能促进光生电子-空穴对的有效分离，从而显著提高其光催化性能。此外，图 5.16（g）所示的 HRTEM 图像显示了 TiO₂ 和 BiOCl 清晰的晶格条纹，元素图谱清楚地显示出 BiOCl/TiO$_2$/海泡石复合材料主要的元素组成，且可证明在复合材料结构中，TiO$_2$ 纳米颗粒和 BiOCl 纳米片可以在海泡石纤维结构上充分接触和良好分散，这有利于三元异质结构的形成。

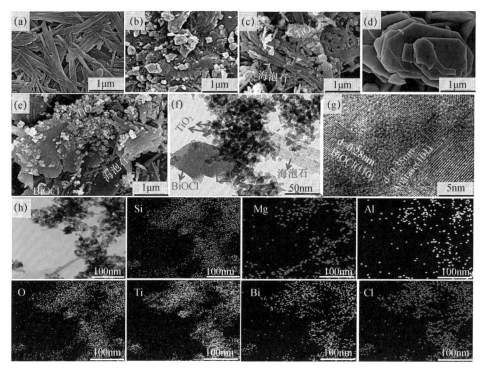

图 5.16　海泡石（a），TiO$_2$（b），TiO$_2$/海泡石
（c），BiOCl（d），BiOCl/TiO$_2$/海泡石（e）样品的 SEM 图；
BiOCl/TiO$_2$/海泡石样品的 TEM、HRTEM 和元素分布图（f，g 和 h）

　　如图 5.17（a）所示，海泡石在可见光光谱范围内表现出较高的可见光吸收能力，这可能是由于海泡石本身的矿物成分和结构引起的。这有助于提高催化剂的可见光吸收性能。因此，与纯催化剂相比，以海泡石为载体的复合光催化剂在可见光谱范围内均有明显的增强。此外，BT-S-50％的光吸收边与 TiO$_2$、T-S、BiOCl 和 B-S 相比有明显的红移现象，说明海泡石、TiO$_2$ 与 BiOCl 形成的三元异质结构可显著提高复合材料的可见光利用效率。此外，由图 5.17（b）左上角各样品的禁带值可知，BT-S-r 复合材料具有比其他样品更小的禁带宽度，而且 BT-S-50％具有最小的禁带宽度值（2.93eV），这表明 BiOCl/TiO$_2$/海泡石三元异质结构可显著减小禁带宽度，使得复合材料更容易地捕获和利用可见光，从而提高可见光诱导的光催化活性。

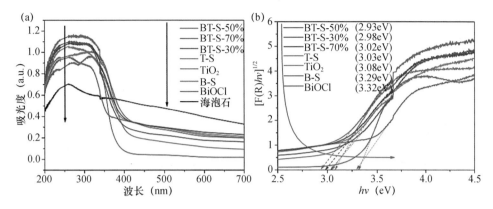

图 5.17　不同样品的固体紫外-可见光吸收光谱以及禁带宽度图谱

由复合材料的 XPS 图谱可知，BT-S-50％复合材料主要由 Si、Bi、Cl、Ti、O 和 Mg 元素组成，而且能够进一步证实 TiO$_2$ 和 BiOCl 已经被成功合成。此外，通过比较图 5.18（b）和（d）所示的纯 TiO$_2$ 和纯 BiOCl 主要峰位置的变化，可以发现它们的主要峰均发生了偏移，这可能是由于 BT-S-50％复合材料中 TiO$_2$、BiOCl 和海泡石之间发生了相互作用，从而说明三元异质结结构的存在。而且，T-S 中的 Ti 2p 峰向结合能更高的右边移动，表明沉积在海泡石表面的 TiO$_2$ 颗粒与海泡石表面是通过 Ti—O—Si 化学键结合。与 T-S 和 BiOCl 相比，BT-S-50％复合材料的 Ti 2p 峰进一步向右移动，而 Bi 4f 峰进一步向左移动，这可说明复合材料中形成了 Ti—O—Bi 化学键。因此，XPS 分析表明，在 BiOCl/TiO$_2$/海泡石复合材料中，海泡石、TiO$_2$ 和 BiOCl 是由化学键结合，不是简单的三种物质的叠加。这种较强的化学键结合有利于污染物富集和迁移，以及光生电子与空穴的分离，从而有益于光催化降解活性的提高。

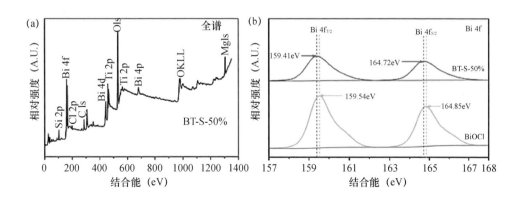

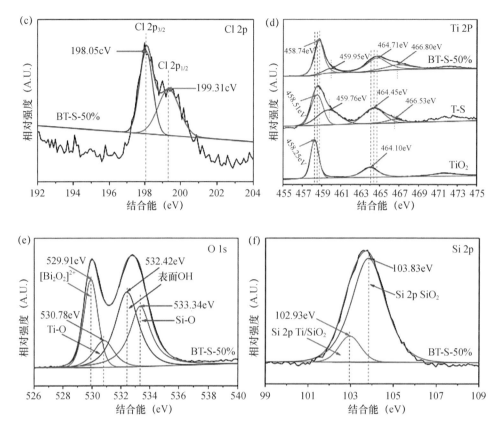

图 5.18　BT-S-50%、BiOCl、T-S 和 TiO₂ 的 XPS 图谱，全谱图（a）、
Bi 4f（b）、Cl 2p（c）、Ti 2p（d）、O 1s（e）和 Si 2p（f）窄扫衍射图

复合材料及对照样品对常见的抗生素污染物盐酸四环素（TC）溶液在可见光下的光催化降解性能对比见图 5.19。在光照前，所有样品在暗态条件下吸附1h，以达到吸附与解吸的平衡。从图 5.19（a）可以看出，纯 BiOCl 对 TC 的吸附能力最小，这主要是由于 BiOCl 具有较小的比表面积和孔体积。与纯的催化剂相比，以海泡石为载体的复合材料对 TC 的吸附性能均有较明显的提升，这主要是由于引入海泡石后复合材料比表面积与吸附位点的增加。另一方面，BT-S-50%复合材料对 TC 的吸附能力是所有样品中最优的，这主要是由于其具有较大的比表面积和孔体积，可提供较多的吸附位点。由图 5.19（b）可知，各材料对TC 的光催化降解符合一级动力学模型，通过图中反应速率常数可以得到在可见光下 BT-S-50%复合材料对 TC 的降解性能最强，这主要归因于复合材料中三元异质结构有利于光生电子-空穴对的有效分离，而两种催化剂合适的比例可产生更多的吸附和反应活性位点，从而增强其可见光光催化活性。

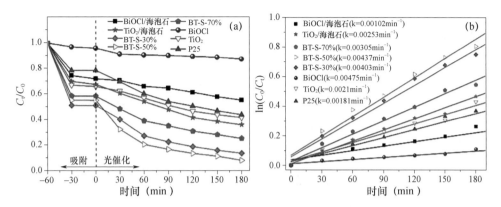

图 5.19　不同样品在可见光下对盐酸四环素的光催化降解曲线（a）和降解动力学曲线（b）

（2）不同煅烧温度的复合材料的制备与表征

通过类似于上述可见光光催化活性最优的 BT-S-50％复合材料的制备方法，控制煅烧温度可制备出不同煅烧温度的复合材料，标记为 T-B-S-rD（r＝300、400、500、600、700、800），为了与纯催化剂对比，纯的催化剂在 500℃条件下煅烧 2h，标记为 TiO$_2$-500D 和 BiOCl-500D。

如图 5.20 所示，海泡石的特征衍射峰在煅烧温度超过 600℃时便消失了，这可能是因为海泡石的有序结构在高温下受到了一定程度的破坏。随着煅烧温度从 300℃提高到 600℃，TiO$_2$ 和 BiOCl 的衍射峰逐渐变窄变尖锐，这是由于随着煅烧温度的升高，催化剂晶体的结晶度越来越高。但是，当温度达到 700℃以上，复合材料中 BiOCl 的特征峰已经消失，而且出现了 Bi$_2$Ti$_4$O$_{11}$ 和金红石型 TiO$_2$ 的特征峰，这表明当温度达到 700℃以上时催化剂可能发生了相变。此外，根据 Debye-Scherrer 方程可计算出复合材料中 TiO$_2$ 和 BiOCl 的平均晶粒尺寸。由表 5.5 可知，随着煅烧温度的升高，复合材料中 TiO$_2$ 和 BiOCl 的晶粒尺寸逐渐增大，但仍小于纯催化剂 TiO$_2$-500D 和 BiOCl-500D，这说明海泡石的引入能有效地抑制 TiO$_2$ 和 BiOCl 晶粒的长大，而较小的晶粒尺寸和较高的结晶度则更有利于光催化活性的提高。

如图 5.21（a）所示，所有样品的等温线均为Ⅳ型，在相对压力较高的区域均表现出滞后行为（P/P_0＝0.4～0.98）。TiO$_2$-500D 由于 TiO$_2$ 颗粒的堆积而呈现出典型的 H2 回滞环，而海泡石和 T-B-S-rD 样品则呈现出典型的 H3 回滞环，这说明在复合材料中存在介孔结构。图 5.21（b）中相应的孔径主要分布在 2～20nm 范围内，也反映了复合材料的介孔特性。一般地，较高比例的介孔结构通常能在内腔和表面提供更多的活性位点，从而促进反应底物的吸附和扩散。通过对比 T-B-500D 和 T-B-S-500D 的等温线，可以发现海泡石的引入明显提高了复合材料的吸附性能。此外，根据表 5.5 所列数据，T-B-S-300D 具有最大的比表面积（170.8 m²/g）和孔体积（0.238 cm³/g），这表明沉积在海泡石表面的 TiO₂ 纳米颗粒和 BiOCl 纳米片可以构建微孔或介孔结构。另外，随着煅烧温度的升高，T-B-S-rD 复合材料的比表面积、孔体积逐渐减小，平均孔径逐渐增大。造成这一现象的主要原因是海泡石的有序结构在较高温度下可能被破坏，同时 TiO₂ 和 BiOCl 在高温下也更易团聚为较大的晶粒，从而影响复合材料的孔结构特性。

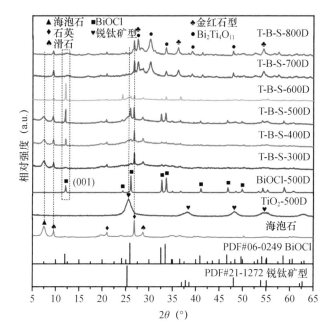

图 5.20　不同煅烧温度制备的复合材料的 XRD 图谱

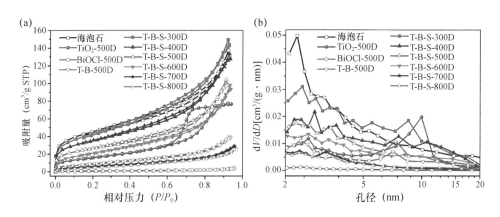

图 5.21　不同对比样品的 N₂ 吸附脱附曲线和 BJH 孔径分布曲线

表 5.5　各样品的比表面积、孔结构特性及计算的催化剂晶粒尺寸

样品	S_{BET} (m^2/g)	孔体积 (cm^3/g)	平均孔径 (nm)	晶粒尺寸 (nm)	
				TiO_2	BiOCl
海泡石	158.7	0.213	5.8	—	—
BiOCl-500D	2.7	0.007	7.9	—	47.5
TiO_2-500D	59.2	0.116	8.5	23.6	—
T-B-S-300D	170.8	0.238	6.2	8.7	13.5
T-B-S-400D	133.1	0.212	6.7	10.3	17.9
T-B-S-500D	97.8	0.196	7.3	12.2	23.5
T-B-S-600D	78.2	0.162	8.1	16.6	30.7
T-B-S-700D	21.9	0.078	9.2	21.5	—
T-B-S-800D	18.6	0.056	9.8	28.7	—

如图 5.22（a）所示，纯 TiO_2 和 BiOCl 的光吸收边分别在 395nm 和 360nm处，表明纯的催化剂具有较弱的可见光吸收性能。然而，当 TiO_2、BiOCl 和海泡石复合后，T-B-S-rD 复合材料的吸收边发生了较明显的红移现象。此外，随着煅烧温度从 300℃升高到 600℃，T-B-S-rD 复合材料的可见光吸收能力先逐渐增大然后减小，这表明煅烧温度会影响催化剂的结晶度和晶粒尺寸，从而改变其光吸附性能。当煅烧温度高于 600℃后，T-B-S-700D 和 T-B-S-800D 样品中的BiOCl 由于发生了相变转化为 $Bi_2Ti_4O_{11}$，因此它们表现出较高的可见光吸收能力。另外，由图 5.22（b）可知，T-B-S-500D 复合材料具有比 TiO_2-500D、BiOCl-500D 和 T-B-500D 更小的禁带宽值，进一步证明了三元异质结构的构建可以拓宽光响应范围。

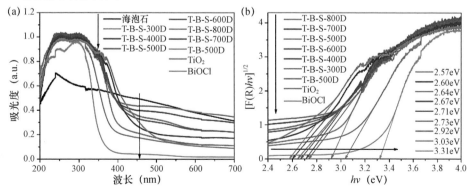

图 5.22　不同煅烧温度条件下所制备样品的固体紫外-可见吸收光谱（a）
以及禁带宽度图谱（b）

　　各样品的光催化降解甲醛性能的测定是在一个密闭的箱子中进行，带有滤波片（λ＞420nm）的外置光源作为可见光光源，整个吸附降解过程采用一个闭环采样分析系统 GASERA-ONE 多气体分析仪对甲醛和二氧化碳的浓度变化实行在线检测，测试结果如图 5.23 所示。由图 5.23（a）可知，在整个过程中，未加材料的空白样品的甲醛浓度（约 66mg/m³）仅略有下降，说明甲醛在可见光下的自降解能力较弱。黑暗条件下，在样品存在的情况下，箱子中的甲醛浓度在最初的 20min 内迅速下降，然后在大约 45min 内逐渐达到平衡，而在整个过程中，CO_2 浓度几乎没有变化，这说明甲醛浓度的下降主要由于吸附作用引起。随着煅烧温度的升高，T-B-S-rD 对甲醛的吸附量逐渐减小，这主要是因为在较低煅烧温度下合成的 $BiOCl/TiO_2$/海泡石复合材料具有较大的比表面积和孔体积（表5.5）。此外，T-B-S-500D 比 TiO_2-500D、BiOCl-500D 和 T-B-500D 对甲醛具有更高的吸附量，这是由于海泡石表面能提供更多的吸附和反应位点，较好的吸附性能更有利于光催化活性的提高。一般来说，在一个完全的甲醛氧化过程中，产生的二氧化碳与分解的甲醛的比例接近 1:1。因此，尽管 T-B-S-300D 上甲醛的最终浓度从约 66mg/m³ 降至 17.8mg/m³，但根据图 5.23（b），在可见光照射180min 下 ΔCO_2 为 6.38mg/m³，这表明甲醛浓度的降低主要来源于吸附作用，而不是矿化作用。此外，根据 ΔCO_2 曲线可知，随着煅烧温度的升高，甲醛的光催化氧化活性先升高后降低。T-B-S-500D 在可见光下的光催化去除性能都比其他的高，可见光照射 180min 后，甲醛的分解效率为 82.45%。同时，图 5.23（c）显示了光催化去除甲醛的拟合模型符合准一级动力学。由图 5.23（d）可知，T-B-S-500D 在可见光下的光催化性能高于其他光催化剂，其 k 值（0.00728min⁻¹）分别是 TiO_2-500D、BiOCl-500D 和 T-B-500D 的 6.62、7.43 和 2.57 倍。结合之前的材料结构分析结论，较小的催化剂晶粒尺寸、TiO_2-BiOCl-海泡石三元异质结的成功构建以及海泡石与催化剂的协同增强效应是复合材料光催化性能提升的关键因素。

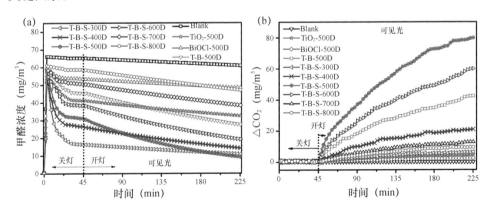

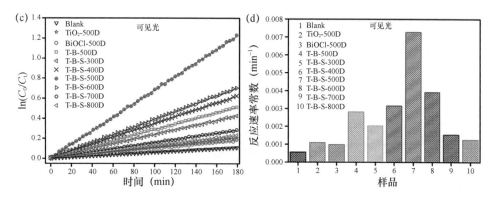

图 5.23 可见光下不同样品的甲醛浓度变化（a）、相应二氧化碳的增加量（ΔCO_2）、
降解动力学曲线（c）和反应速率常数值（d）

5.4.2 BiOBr/TiO$_2$/海泡石复合材料

由前述可知，将 BiOCl 与 TiO$_2$ 复合形成异质结结构可显著提升材料的可见光光催化活性，而作为与 BiOCl 具有相似结构的 BiOBr，具有比 BiOCl 更小的禁带宽度（2.54～2.91eV），因此将 BiOBr 与 TiO$_2$/海泡石复合可获得可见光性能更优的复合材料。另外，构筑氧缺陷已经被证实是另一种可提高催化剂可见光活性的有效方式，而非晶质 TiO$_2$ 晶粒表面具有较多的氧缺陷结构，因此下文我们同时引入氧缺陷结构以及三元异质结结构以通过二者的协同效应提高光催化剂的可见光光催化活性。

BiOBr/TiO$_2$/海泡石复合材料主要通过溶剂热法制备，BiOBr、TiO$_2$ 和海泡石的质量比固定在 3∶1∶4，具体的制备过程如下：1.67g Bi（NO$_3$）$_3$·5H$_2$O 在超声波条件下溶于 20mL 乙二醇和 30mL 乙醇的混合物中，然后在透明溶液中加入 1.4g 海泡石，磁力搅拌 15min，形成均匀的混合溶液 A。同时，将 0.49g KBr 溶于 20mL 乙二醇中，形成澄清溶液 B，并逐滴滴加至溶液 A 中，然后在此混合溶液中加入 1.5mL 钛酸四丁酯（TBOT）。剧烈搅拌 45min 后，将混合物倒入 100mL 的聚四氟乙烯内衬高压反应釜中，在 150℃下反应 18h 后自然冷却，然后将收集到的产物过滤，洗涤，80℃下干燥后便获得了富氧缺陷的 BiOBr-TiO$_2$-海泡石复合材料，标记为 A-T-B-S-OVs。图 5.24 为 BiOBr-TiO$_2$-海泡石复合材料合成的主要路径示意图。另外，纯的催化剂以及二元催化剂按照类似的方法制备，分别标记为 A-TiO$_2$、A-TiO$_2$/海泡石、BiOBr 和 BiOBr-海泡石。为了对比，具有较少氧缺陷结构的 BiOBr-TiO$_2$-海泡石复合材料通过将 A-TiO$_2$、BiOBr、A-T-B-S-OVs 在马弗炉中 400℃煅烧 3h 制得，标记为 A-TiO$_2$-400℃、BiOBr-400℃、A-T-B-S-400℃。

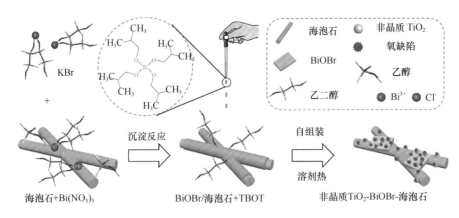

图 5.24 BiOBr-TiO$_2$-海泡石复合材料合成的主要路径示意图

如图 5.25 所示，A-TiO$_2$ 样品中没有发现明显的晶态二氧化钛的衍射峰，表明二氧化钛是以非晶态形式存在，而非晶质二氧化钛晶粒表面会有较多的氧缺陷结构。纯 BiOBr 在 11.1°、21.8°、25.3°、31.8°和 32.3°处的衍射峰与四方 BiOBr（JCPDS：73-2061）的（001）、（002）、（101）、（102）和（110）晶面一致，这可证实 BiOBr 已被成功合成。值得注意的是，BiOBr 样品的衍射峰（102）比其他峰具有更高的强度，当引入海泡石和非晶 TiO$_2$ 时，A-T-B-S-OVs 样品的（102）衍射峰强度明显降低，同时（001）衍射峰消失，表明 BiOBr、A-TiO$_2$ 和海泡石三者之间存在相互作用。此外，在 400℃煅烧后，A-T-B-S-400℃ 样品由于其高结晶度而呈现出比其他样品更为尖锐的 BiOBr 相特征峰。因此，通过采用溶剂热法可以获得富氧缺陷的 A-TiO$_2$-BiOBr-海泡石三元异质结光催化剂。

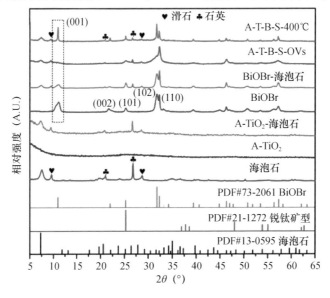

图 5.25 不同样品的 XRD 图谱

如图 5.26（a）和（b）所示，纯 BiOBr 是由大量片状 BiOBr 堆积而成的微球结构，而非晶态 TiO_2（A-TiO_2）则为球形颗粒的不规则团聚体，这主要是由于纯的催化剂倾向于自身团聚。对于 A-TiO_2-BiOBr 样品［图 5.26（c）］，很明显 BiOBr 的形貌仍然显示微球结构，然而，当海泡石被引入时，纯光催化剂的团聚现象会受到很大的抑制，而 A-TiO_2 纳米颗粒和 BiOBr 纳米片可以很好地分散在二元体系中，如 A-TiO_2-海泡石和 BiOBr-海泡石［图 5.26（e, f）］。此外，由 A-TiO_2-BiOBr-海泡石复合材料（A-T-B-S-OVs）SEM 图［图 5.26（g）］可以发现，通过溶剂热法三元异质结构能够被成功地合成，这种结构在光催化吸附降解过程中能够提供更多的活性位点及更高的载流子转移和分离速率。通过TEM 和 HRTEM 进一步研究了 A-T-B-S-OVs 的内部结构，结果如图 5.26（h）和（i）所示，A-TiO_2 纳米微粒状暗点均匀地沉积在 BiOBr 和海泡石表面，而且它们之间紧密结合，共同形成了三元异质结构。此外，在复合材料的内部结构中可以明显地观察到均匀的晶格条纹，且晶面间距为 0.277nm，这与 BiOBr 的（110）晶面相匹配［图 5.26（k）］，从而证实 BiOBr 的成功合成。另外，复合材料的 EDS 谱可以说明复合材料主要由 Mg、Si、O、Ti、Bi 和 Br 元素组成［图 5.26（l）］，并且通过均匀分布的元素分布图可知，A-TiO_2、BiOBr 和海泡石均匀地分布在复合材料三元体系中。特别的是，在复合材料结构中 BiOBr 的轮廓清晰可见，进一步说明了 A-TiO_2-BiOBr 异质结构与海泡石在三元体系中的良好分布。

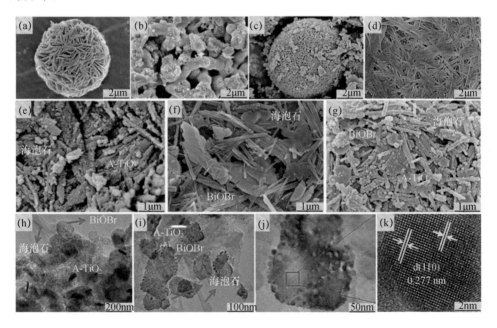

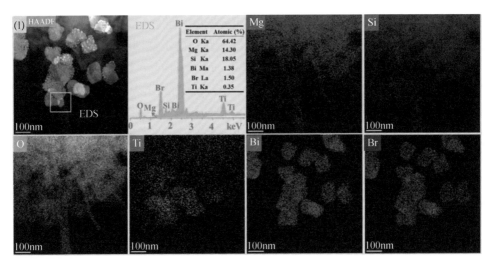

图 5.26　不同样品的 SEM 图，BiOBr（a）、A-TiO₂（b）、A-TiO₂-BiOBr（c）、
海泡石（d）、A-TiO₂-海泡石（e）、BiOBr-海泡石（f）和 A-TiO₂-BiOBr-海泡石（g）；
A-TiO₂-BiOBr-海泡石的 TEM（h、i 和 j）、HRTEM（k）、EDS 以及元素分布图（l）

如图 5.27（a）所示，由于 BiOBr 和 BiOBr-海泡石的无孔和大孔特性，其等温线呈现典型的Ⅱ型吸附特征，而其他样品则表现出Ⅳ型等温线。此外，A-TiO₂ 具有典型的 H4 回滞环，以海泡石为载体的复合材料则呈现出典型的 H3 回滞环，这表明复合材料具有介孔的特性，这与图 5.27（b）孔径分布图揭示的一致，其相应的孔径分布范围为 2～10nm。此外，根据表 5.6 中的数据可知，非晶质 TiO₂（A-TiO₂）具有较大的比表面积，这与其表面的无序结构有关，而纯 BiOBr 由于其为片状团聚体而具有较小的比表面积。但是，T-B-S-OVs 复合材料则具有最大的比表面积（279.3m²/g）和孔体积（0.246cm³/g），这主要是由于 A-TiO₂ 颗粒和 BiOBr 纳米片的均匀分布以及三元异质结构的成功形成。一般来说，比表面积和孔体积越大，光催化反应的活性位点就越多，从而有利于光催化活性的提高。

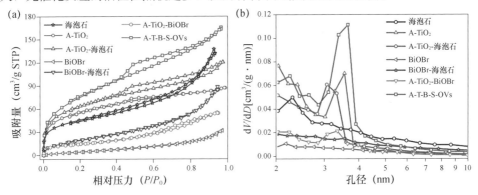

图 5.27　不同样品的 N₂ 吸附脱附曲线（a）和孔径分布曲线（b）

表 5.6　各样品的比表面积、孔体积及催化剂晶粒尺寸

样品	比表面积（m²/g）	孔体积（cm³/g）	平均晶粒尺寸（nm）
海泡石	158.9	0.215	—
A-TiO₂	205.3	0.153	3.3
A-TiO₂-海泡石	231.6	0.169	3.8
BiOBr	19.1	0.065	6.2
BiOBr-海泡石	85.9	0.150	6.4
A-TiO₂-BiOBr	113.8	0.196	5.3
A-T-B-S-OVs	279.3	0.246	4.1

由图 5.28（a）可知，纯 BiOBr 光吸收边在 430nm 左右，具有较好的可见光吸收性能，而 A-TiO₂-BiOBr 发生了红移现象，这是由于 A-TiO₂-BiOBr 异质结的形成可以拓宽材料的可见光响应范围。有趣的是，当引入海泡石后，A-T-B-S-OVs 复合材料对可见光的吸附有明显的增强作用，说明三元异质结结构可以显著提高可见光的利用率。此外，与 A-TiO₂、BiOBr 和 A-T-B-S-OVs 的 DRS 光谱相比，A-TiO₂-400℃、BiOBr-400℃ 和 A-T-B-S-400℃ 的光吸附性能在 400℃ 煅烧后明显下降，这表明 A-TiO₂ 和 BiOBr 结构中的氧缺陷在增强可见光吸附性能中也扮演着重要的角色。此外，由图 5.28（b）中禁带宽度值可知，在这些样品中，A-T-B-S-OVs 具有最小的带隙（2.58eV），这与三元异质结结构的形成以及氧缺陷的存在有着密切的联系。

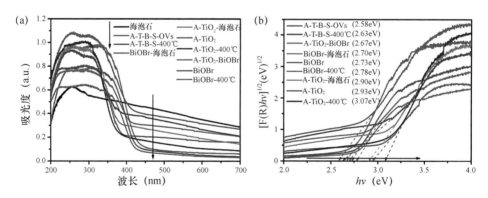

图 5.28　各样品的固体紫外-可见光吸收光谱图（a）和禁带宽度值转化曲线（b）

从图 5.29（a）可以看出，空白组的甲醛浓度（约 80mg/L）略有下降，而反应后的 CO₂ 浓度没有增高，说明甲醛的自衰减作用较弱。光照前 30min，在样品存在的情况下，甲醛浓度迅速下降，60min 后逐渐达到吸附平衡，整个过程中未产生新的 CO₂ 气体，说明甲醛与样品之间主要是吸附作用。与纯光催化剂相比，海泡

石矿物的引入明显提高了吸附性能。特别是对于三元体系 A-TiO$_2$-BiOBr-海泡石（A-T-B-S-OVs），由于比表面积和孔体积的显著增加，表现出比其他样品更高的吸附能力。在光照的条件下，A-TiO$_2$ 海泡石样品，虽然甲醛的最终浓度约为 43.65mg/m^3，但光催化反应 180min 后，相应的 ΔCO_2 仅为 14.3mg/m^3，可见只有一小部分甲醛被完全氧化，这主要是由于 A-TiO$_2$ 的非晶态结构和较低的可见光响应所致。此外，纯 BiOBr 对甲醛的吸附能力较差，以 ΔCO_2 含量计算的降解率仅为 26.3%，表现出较差的可见光光催化活性。而 A-T-B-S-OVs 对甲醛的光催化去除能力最好，其 ΔCO_2 高达 108.5mg/m^3，表明约 92.5% 的甲醛被完全氧化为 CO$_2$ 和 H$_2$O。此外，待测样品对甲醛的光催化去除过程符合准一级动力学［图 5.29（c）］。根据图 5.29（d）中的相对反应速率常数可知，A-T-B-S-OVs 具有最大的 k 值（0.01574min^{-1}），分别比 A-TiO$_2$、BiOBr、A-TiO$_2$-BiOBr 和 P25 高出近 11.75、3.44、1.69 和 6.27 倍。这主要归因于海泡石载体的引入增强了其对甲醛的吸附能力，此外，三元异质结构的构建提高了可见光利用率和载流子分离效率。同时，与 A-T-B-S-OVs 相比，A-T-B-S-400℃ 降低了甲醛的光催化性能，说明氧缺陷的存在对光催化过程也有着重要的作用。

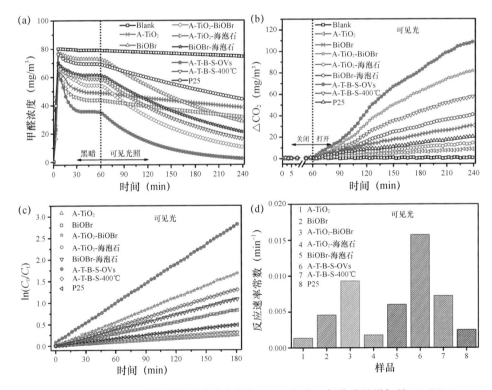

图 5.29　可见光下不同样品的甲醛浓度变化（a）、相应二氧化碳的增加量（ΔCO_2）、降解动力学曲线（c）和反应速率常数值（d）

参考文献

［1］ 中国硅酸盐学会. 2016—2017 矿物材料学科发展报告［M］. 北京：科学出版社，2018.

［2］ 郑水林，孙志明. 非金属矿加工与应用［M］. 北京：化学工业出版社，2019.

［3］ 郑水林，孙志明. 非金属矿物材料［M］. 北京：化学工业出版社，2016.

［4］ PELAEZ M，NOLAN N T，PILLAI S C，et al. A review on the visible light active titanium dioxide photocatalysts for environmental applications［J］. Applied Catalysis B：Environmental，2012，125：331-349.

［5］ DAMIEN D，ILIAS B，KHALIL A. Tailored preparation methods of TiO₂ anatase，rutile，brookite：mechanism of formation and electrochemical properties［J］. Chemistry of Materials，2009，22（3）：1173-1179.

［6］ LI J，ISHIGAKI T，SUN X. Anatase，brookite，and rutile nanocrystals via redox reactions under mild hydrothermal conditions：phase-selective synthesis and physicochemical properties［J］. The Journal of Physical Chemistry C，2007，111（13）：4969-4976.

［7］ LIAO Y，QUE W，JIA Q，et al. Controllable synthesis of brookite/anatase/rutile TiO₂ nanocomposites and single-crystalline rutile nanorods array［J］. Journal of Materials Chemistry，2012，22（16）：7937-7944.

［8］ TACHIKAWA T，FUJITSUKA M，MAJIMA T. Mechanistic insight into the TiO₂ photocatalytic reactions：design of new photocatalysts［J］. The Journal of Physical Chemistry C，2007，111（14）：5259-5275.

［9］ GAYA U I，ABDULLAH A H. Heterogeneous photocatalytic degradation of organic contaminants over titanium dioxide：A review of fundamentals，progress and problems［J］. Journal of Photochemistry and Photobiology C：Photochemistry Reviews，2008，9（1）：1-12.

［10］ LIU J，WONG M. Pharmaceuticals and personal care products（PPCPs）：A review on environmental contamination in China［J］. Environment International，2013，59（3）：208-224.

［11］ CALZA P，MEDANA C，PAZZI M，et al. Photocatalytic transformation of sulfonamides on titanium dioxide［J］. Applied Catalysis B：Environmental，2004，53（1）：63-69.

［12］ LI J，LV S，LIU Y，et al. Photoeletrocatalytic activity of an n-ZnO/p-Cu₂O/n-TNA ternary heterojunction electrode for tetracycline degradation［J］. Journal of Hazardous Materials，2013，262（22）：482-488.

［13］ YU H，ZHANG K，ROSSI C. Theoretical study on photocatalytic oxidation of VOCs using nano-TiO_2 photocatalyst ［J］. Journal of Photochemistry & Photobiology A: Chemistry，2007，188 (1): 65-73.

［14］ HUSSAIN M，RUSSO N，SARACCO G. Photocatalytic abatement of VOCs by novel optimized TiO_2 nanoparticles ［J］. Chemical Engineering Journal，2011，166 (1): 138-149.

［15］ AKHAVAN O，AZIMIRAD R，SAFA S，et al. Visible light photo-induced antibacterial activity of CNT-doped TiO_2 thin films with various CNT contents ［J］. Journal of Materials Chemistry，2010，20 (35): 7386-7392.

［16］ YU J，HO W，LIN J，et al. Photocatalytic activity，antibacterial effect，and photoinduced hydrophilicity of TiO_2 films coated on a stainless steel substrate ［J］. Environmental Science & Technology，2003，37 (10): 2296-2301.

［17］ YU J，RAN J. Facile preparation and enhanced photocatalytic H_2-production activity of Cu (OH)$_2$ cluster modified TiO_2 ［J］. Energy & Environmental Science，2011，4 (4): 1364-1371.

［18］ LAKADAMYALI F，REISNER E. Photocatalytic H_2 evolution from neutral water with a molecular cobalt catalyst on a dye-sensitized TiO_2 nanoparticle ［J］. Chemical Communications，2011，47 (6): 1695-1697.

［19］ ITO S，ZAKEERUDDIN S M，HUMPHRY B R，et al. High-efficiency organic-dye-sensitized solar cells controlled by nanocrystalline-TiO_2 electrode thickness ［J］. Advanced Materials，2010，18 (9): 1202-1205.

［20］ KUANG D，BRILLET J，CHEN P，et al. Application of highly ordered TiO_2 nanotube arrays in flexible dye-sensitized solar cells ［J］. ACS Nano，2008，2 (6): 1113-1136.

［21］ 吴聪萍，周勇，邹志刚. 光催化还原 CO_2 的研究现状和发展前景 ［J］. 催化学报，2011，32 (10): 1565-1572.

［22］ MARTA M，CRISTIAN F，ORIOL O J，et al. Engineering the TiO_2 outermost layers using magnesium for carbon dioxide photoreduction ［J］. Applied Catalysis B: Environmental，2014，150-151 (18): 57-62.

［23］ WANG W，AN W，RAMALINGAM B，et al. Size and structure matter: enhanced CO_2 photoreduction efficiency by size-resolved ultrafine Pt nanoparticles on TiO_2 single crystals ［J］. Journal of the American Chemical Society，2012，134 (27): 11276.

［24］ 任瑞鹏，冉令锋，吕永康，等. N 掺杂的 TiO_2 纳米管的制备及光催化脱除 NO_x 性能 ［J］. 太原理工大学学报，2014，45 (2): 220-225.

［25］ MAGGOS T，BARTZIS J G，LIAKOU M，et al. Photocatalytic degradation of NO_x gases using TiO_2-containing paint: A real scale study ［J］. Journal of Hazardous Materials，2007，146 (3): 668-673.

［26］ LIEBIG J. Uber einige Stickstoff-Verbindungen ［J］. European Journal of Organic

Chemistry，2010，10（1）：1-47.

[27] LIU A Y，MARVIN L. Cohen. Prediction of new low compressibility solids [J]．Science，1989，245（4920）：841-842.

[28] CUI F，LI D. A review of investigations on biocompatibility of diamond-like carbon and carbon nitride films [J]．Surface & Coatings Technology，2000，131（1）：481-487.

[29] TETER D M，HEMLEY R J. Low-compressibility carbon nitrides [J]．Science，1996，271（5245）：53-55.

[30] REYES-SERRATO A，GARZÓN I L，GALVAN D H. An initio Hartree-Fock study of structural and electronic properties of beta-Si_3N_4 and beta-C_3N_4 compounds [J]．Physical Review B：Condensed Matter，1995，52（9）：6293-6300.

[31] FRANKLIN E C. The ammono carbonic acids [J]．Journal of the American Chemical Society，1922，44（3）：486-509.

[32] PAULING L，STURDIVANT J H. The structure of cyameluric acid，hydromelonic acid and related substances [J]．Proceedings of the National Academy of Science，1937，23（12）：615-620.

[33] REDEMANN C E，LUCAS H J. Some derivatives of cyameluric acid and probable structures of melam，melem and melon [J]．Journal of the American Chemical Society，2002，62（4）：842-846.

[34] UMEBAYASHI T，YAMAKI T，ITOH H，at al. Band gap narrowing of titanium dioxide by sulfur doping [J]．Applied Physics Letters，2002，81（3）：454-456.

[35] MILLER D R，WANG J，GILLAN E G. Rapid，facile synthesis of nitrogen-rich carbon nitride powders [J]．Journal of Materials Chemistry，2002，12（8）：2463-2469.

[36] KROKE E，SCHWARZ M，HORATH-BORDON E，et al. Tri-s-triazine derivatives. Part I. From trichloro-tri-s-triazine to graphitic C_3N_4 structures [J]．New Journal of Chemistry，2002，26（5）：508-512.

[37] WANG X，MAEDA K，THOMAS A，et al. A metal-free polymeric photocatalyst for hydrogen production from water under visible light [J]．Nature Materials，2009，8（1）：76-80.

[38] 张金水，王博，王心晨. 氮化碳聚合物半导体光催化 [J]．化学进展，2014，26（1）：19-29.

[39] 范乾靖，刘建军，于迎春，等. 新型非金属光催化剂——石墨型氮化碳的研究进展 [J]．化工进展，2014，33（5）：1185-1194.

[40] SAKATA Y，YOSHIMOTO K，KAWAGUCHI K，et al. Preparation of a semiconductive compound obtained by the pyrolysis of urea under N_2 and the photocatalytic property under visible light irradiation [J]．Catalysis Today，2011，161（1）：41-45.

[41] THOMAS A，FISCHER A，GOETTMANN F，et al. Graphitic carbon nitride materials：variation of structure and morphology and their use as metal-free catalysts [J].

Cheminform，2009，40（9）：4893-4908.

［42］ YAN S，LI Z，ZOU Z. Photodegradation performance of g-C$_3$N$_4$ fabricated by directly heating melamine ［J］. Langmuir the ACS Journal of Surfaces & Colloids，2009，25（17）：10397-10401.

［43］ YAN S，LI Z，ZOU Z. Photodegradation of rhodamine B and methyl orange over boron-doped g-C$_3$N$_4$ under visible light irradiation ［J］. Langmuir the ACS Journal of Surfaces & Colloids，2010，26（6）：894-901.

［44］ DONG F，WU L，SUN Y，et al. Efficient synthesis of polymeric g-C$_3$N$_4$ layered materials as novel efficient visible light driven photocatalysts ［J］. Journal of Materials Chemistry，2011，21（39）：15171-15174.

［45］张金水，王博，王心晨. 石墨相氮化碳的化学合成及应用 ［J］. 物理化学学报，2013，29（9）：1865-1876.

［46］ LYTH S M，NABAE Y，MORIYA S，et al. Carbon nitride as a nonprecious catalyst for electrochemical oxygen reduction ［J］. Journal of Physical Chemistry C，2009，6：20148-20150.

［47］ KROKE E，SCHWARZ M. Novel group 14 nitrides ［J］. Coordination Chemistry Reviews，2004，248（5-6）：493-532.

［48］ WANG Y，WANG X，ANTONIETTI M. Polymeric graphitic carbon nitride as a heterogeneous organocatalyst：From photochemistry to multipurpose catalysis to sustainable chemistry ［J］. Cheminform，2012，51（1）：68-89.

［49］ GUO Q，XIE Y，WANG X，et al. Characterization of well-crystallized graphitic carbon nitride nanocrystallites via a benzene-thermal route at low temperatures ［J］. Chemical Physics Letters，2003，380（1）：84-87.

［50］ MA H，JIA X，CHEN L，et al. High-pressure pyrolysis study of C$_3$N$_6$H$_6$：A route to preparing bulk C$_3$N$_4$ ［J］. Journal of Physics Condensed Matter，2002，14（44）：11269-11273.

［51］ BAI Y，LU B，LIU Z，et al. Solvothermal preparation of graphite-like C$_3$N$_4$ nanocrystals ［J］. Journal of Crystal Growth，2003，247（3）：505-508.

［52］ FU Q，CAO C，ZHU H. Preparation of carbon nitride films with high nitrogen content by electrodeposition from an organic solution ［J］. Journal of Materials Science Letters，1999，18（18）：1485-1488.

［53］李超，传宝，朱鹤孙，等. 类石墨氮化碳薄膜的电化学沉积 ［J］. 人工晶体学报，2003，32（3）：252-256.

［54］ LI J，CAO C，HAO J，et al. Self-assembled one-dimensional carbon nitride architectures ［J］. Diamond & Related Materials，2006，15（10）：1593-1600.

［55］ KHABASHESKU V N，ZIMMERMAN J L，MARGRAVE J L. Powder synthesis and characterization of amorphous carbon nitride ［J］. Cheminform，2002，32（8）：3264-3270.

［56］ GUO Q, YANG Q, YI C, et al. Synthesis of carbon nitrides with graphite-like or onion-like lamellar structures via a solvent-free route at low temperatures ［J］. Carbon, 2005, 43 (7): 1386-1391.

［57］ WANG X, BLECHERT S, ANTONIETTI M. Polymeric graphitic carbon nitride for heterogeneous photocatalysis ［J］. ACS Catalysis, 2012, 2 (8): 1596-1606.

［58］ CHEN X, JUN Y, TAKANABE K, et al. Ordered mesoporous SBA-15 type graphitic carbon nitride: a semiconductor host structure for photocatalytic hydrogen evolution with visible light ［J］. Chemistry of Materials, 2009, 21 (18): 4093-4095.

［59］ WANG X, MAEDA K, CHEN X, et al. Polymer semiconductors for artificial photosynthesis: hydrogen evolution by mesoporous graphitic carbon nitride with visible light ［J］. Journal of the American Chemical Society, 2009, 131 (5): 1680-1681.

［60］ Niu P, Zhang L, Liu G, et al. Graphene-like carbon nitride nanosheets for improved photocatalytic activities ［J］. Advanced Functional Materials, 2012, 22 (22): 4763-4770.

［61］ YUE B, LI Q, IWAI H, et al. Hydrogen production using zinc-doped carbon nitride catalyst irradiated with visible light ［J］. Science & Technology of Advanced Materials, 2011, 12 (3): 034401-034408.

［62］ LIU G, NIU P, SUN C, et al. Unique electronic structure induced high photoreactivity of sulfur-doped graphitic C_3N_4 ［J］. Journal of the American Chemical Society, 2010, 132 (33): 11642-11648.

［63］ MAEDA K, WANG X, NISHIHARA Y, et al. Photocatalytic activities of graphitic carbon nitride powder for water reduction and oxidation under visible light ［J］. Journal of Physical Chemistry C, 2009, 113 (12): 4940-4947.

［64］ SUN Z, LI C, YAO G, et al. In situ generated g-C_3N_4/TiO_2 hybrid over diatomite supports for enhanced photodegradation of dye pollutants ［J］. Materials & Design, 2016, 94: 403-409.

［65］ CHEN D, WANG K, REN T, et al. Synthesis and characterization of the ZnO/mpg-C_3N_4 heterojunction photocatalyst with enhanced visible light photoactivity ［J］. Dalton Transactions, 2014, 43 (34): 13105-13114.

［66］ ZHANG L, WANG W, ZHOU L. Bi_2WO_6 nano- and microstructures: shape control and associated visible-light-driven photocatalytic activities ［J］. Small, 2007, 3: 1618-1625.

［67］ YE P, XIE J, HE Y, et al. Hydrolytic synthesis of flowerlike BiOCl and its photocatalytic performance under visible light ［J］. Materials Letters, 2013, 108: 168-171.

［68］ XU J, LI L, GUO C, et al. Removal of benzotriazole from solution by BiOBr photocatalysis under simulated solar irradiation ［J］. Chemical Engineering Journal, 2013, 221 (4): 230-237.

［69］ HE R, CAO S, ZHOU P, et al. Recent advances in visible light Bi-based photocatalysts ［J］. Chinese Journal of Catalysis, 2014, 35: 989-1007.

［70］ZHENG Y，ZHOU T，ZHAO X，et al. Atomic interface engineering and electric-field effect in ultrathin Bi_2MoO_6 nanosheets for superior lithium ion storage［J］. Advanced materials，2017，29（26）.

［71］BI J，WU L，LI J，et al. Simple solvothermal routes to synthesize nanocrystalline Bi_2MoO_6 photocatalysts with different morphologies［J］. Acta Materialia，2007，55：4699-4705.

［72］GUAN M，HE X，SHANG T，et al. Hydrothermal synthesis of ultrathin Bi_2MO_6（M=W，Mo）nanoplates as new host substances for red-emitting europium ion［J］. Progress in Natural Science：Materials International，2012，22：334-340.

［73］TIAN X，QU S，WANG B，et al. Hydrothermal synthesis and photocatalytic property of Bi_2MoO_6/ZnO composite material［J］. Research on Chemical Intermediates，2014，41：7273-7283.

［74］TIAN G，CHEN Y，ZHOU J，et al. In situ growth of Bi_2MoO_6 on reduced graphene oxide nanosheets for improved visible-light photocatalytic activity［J］. CrystEngComm，2014，16：842-849.

［75］TIAN G，CHEN Y，ZHOU W，et al. Facile solvothermal synthesis of hierarchical flower-like Bi_2MoO_6 hollow spheres as high performance visible-light driven photocatalysts［J］. Journal of Materials Chemistry，2011，21：887-892.

［76］ZHANG J，NIU C，KE J，et al. Ag/AgCl/Bi_2MoO_6 composite nanosheets：A plasmonic Z-scheme visible light photocatalyst［J］. Catalysis Communications，2015，59：30-34.

［77］ZHANG L，XU T，ZHAO X，et al. Controllable synthesis of Bi_2MoO_6 and effect of morphology and variation in local structure on photocatalytic activities［J］. Applied Catalysis B：Environmental，2010，98：138-146.

［78］GUO X，ZHU G，LI Z，et al. Rare earth coordination polymers with zeolite topology constructed from 4-connected building units［J］. Inorganic Chemistry，2006，45：4065-4070.

［79］CRUZ A MDL，ALFARO O S. Synthesis and characterization of γ-Bi_2MoO_6 prepared by co-precipitation：Photoassisted degradation of organic dyes under vis-irradiation［J］. Journal of Molecular Catalysis A：Chemical，2010，320：85-89.

［80］SHANG M，WANG W，REN J，et al. Nanoscale Kirkendall effect for the synthesis of Bi_2MoO_6 boxes via a facile solution-phase method［J］. Nanoscale，2011，3：1474-1476.

［81］ZHANG Z，WANG W，SHANG M，et al. Photocatalytic degradation of rhodamine B and phenol by solution combustion synthesized $BiVO_4$ photocatalyst［J］. Catalysis Communications，2010，11：982-986.

［82］DUMRONGROJTHANATH P，THONGTEM T，PHURUANGRAT A，et al. Glycothermal synthesis of Dy-doped Bi_2MoO_6 nanoplates and their photocatalytic performance［J］. Research on Chemical Intermediates，2016，42：5087-5097.

［83］ 孙志明. 硅藻土选矿及硅藻功能材料的制备与性能研究［D］. 北京：中国矿业大学（北京），2014.

［84］ SUN Z，BAI C，ZHENG S，et al. A comparative study of different porous amorphous silica minerals supported TiO_2 catalysts［J］. Applied Catalysis A：General，2013，458：103-110.

［85］ 王利剑，郑水林，舒锋. 硅藻土负载二氧化钛复合材料的制备与光催化性能［J］. 硅酸盐学报，2006，34（007）：823-826.

［86］ SUN Z，HU Z，YAN Y，et al. Effect of preparation conditions on the characteristics and photocatalytic activity of TiO_2/purified diatomite composite photocatalysts［J］. Applied Surface Science，2014，314：251-259.

［87］ SUN Z，YAN Y，ZHANG G，et al. The influence of carriers on the structure and photocatalytic activity of TiO_2/diatomite composite photocatalysts［J］. Advanced Powder Technology，2015，26（2）：595-601.

［88］ WANG B，GODOI F C，SUN Z，et al. Synthesis，characterization and activity of an immobilized photocatalyst：Natural porous diatomite supported titania nanoparticles［J］. Journal of Colloid and Interface Science，2015，438：204-211.

［89］ SUN Z，YAO G，LIU M，et al. In situ synthesis of magnetic $MnFe_2O_4$/diatomite nanocomposite adsorbent and its efficient removal of cationic dyes［J］. Journal of the Taiwan Institute of Chemical Engineers，2017，71：501-509.

［90］ LI C，SUN Z，MA R，et al. Fluorine doped anatase TiO_2 with exposed reactive（001）facets supported on porous diatomite for enhanced visible-light photocatalytic activity［J］. Microporous and Mesoporous Materials，2017，243：281-290.

［91］ ZHANG G，WANG B，SUN Z，et al. A comparative study of different diatomite-supported TiO_2 composites and their photocatalytic performance for dye degradation［J］. Desalination and Water Treatment，2016，57（37）：17512-17522.

［92］ DONG X，SUN Z，ZHANG X，et al. Synthesis and enhanced solar light photocatalytic activity of a C/N co-doped TiO_2/diatomite composite with exposed（001）facets［J］. Australian Journal of Chemistry，2018，71（5）：315-324.

［93］ WANG B，ZHANG G，SUN Z，et al. Synthesis of natural porous minerals supported TiO_2 nanoparticles and their photocatalytic performance towards rhodamine B degradation［J］. Powder Technology，2014，262：1-8.

［94］ ZHANG G，SUN Z，DUAN Y，et al. Synthesis of nano-TiO_2/diatomite composite and its photocatalytic degradation of gaseous formaldehyde［J］. Applied Surface Science，2017，412：105-112.

［95］ ZHANG G，SUN Z，HU X，et al. Synthesis of BiOCl/TiO_2-zeolite composite with enhanced visible light photoactivity［J］. Journal of the Taiwan Institute of Chemical Engineers，2017，81：435-444.

[96] ZHANG G，SONG A，DUAN Y，et al. Enhanced photocatalytic activity of TiO$_2$/zeolite composite for abatement of pollutants [J]. Microporous and Mesoporous Materials，2018，255：61-68.

[97] 张广心. 多孔矿物及复合材料 VOC 吸附与光催化降解性能研究 [D]. 北京：中国矿业大学（北京），2019.

[98] 卢芳慧，桂经亚，宋兵，等. 纳米-TiO$_2$/膨胀珍珠岩复合光催化材料的制备与表征 [J]. 硅酸盐通报，2013，32（4）：754-757.

[99] 徐春宏，郑水林，胡志波. 煅烧条件对纳米 TiO$_2$/膨胀珍珠岩复合材料性能的影响 [J]. 人工晶体学报，2014，43（8）：2022-2027.

[100] 徐春宏. 纳米 TiO$_2$/膨胀珍珠岩复合材料的制备和表征 [D]. 北京：中国矿业大学（北京），2015.

[101] 郑水林，王彩丽，李春全. 粉体表面改性（第四版）[M]. 北京：中国建材工业出版社，2019.

[102] LI C，ZHU N，DONG X，et al. Tuning and controlling photocatalytic performance of TiO$_2$/kaolinite composite towards ciprofloxacin：Role of 0D/2D structural assembly [J]. Advanced Powder Technology，2020.

[103] LI C，SUN Z，DONG X，et al. Acetic acid functionalized TiO$_2$/kaolinite composite photocatalysts with enhanced photocatalytic performance through regulating interfacial charge transfer [J]. Journal of Catalysis，2018，367：126-138.

[104] LI C，SUN Z，SONG A，et al. Flowing nitrogen atmosphere induced rich oxygen vacancies overspread the surface of TiO$_2$/kaolinite composite for enhanced photocatalytic activity within broad radiation spectrum [J]. Applied Catalysis B：Environmental，2018，236：76-87.

[105] LI C，SUN Z，ZHANG W，et al. Highly efficient g-C$_3$N$_4$/TiO$_2$/kaolinite composite with novel three-dimensional structure and enhanced visible light responding ability towards ciprofloxacin and S. aureus [J]. Applied Catalysis B：Environmental，2018，220：272-282.

[106] 孙志明，李雪，马瑞欣，等. 浸渍-热聚合法制备 g-C$_3$N$_4$/高岭土复合材料及其性能 [J]. 功能材料，2017（8）：18-23.

[107] SUN Z，YUAN F，LI X，et al. Fabrication of novel cyanuric acid modified g-C$_3$N$_4$/kaolinite composite with enhanced visible light-driven photocatalytic activity [J]. Minerals，2018，8（10）：437.

[108] DONG X，SUN Z，ZHANG X，et al. Construction of BiOCl/g-C$_3$N$_4$/kaolinite composite and its enhanced photocatalysis performance under visible-light irradiation [J]. Journal of the Taiwan Institute of Chemical Engineers，2018，84：203-211.

[109] LI C，SUN Z，HUANG W，et al. Facile synthesis of g-C$_3$N$_4$/montmorillonite composite with enhanced visible light photodegradation of rhodamine B and tetracycline [J]. Journal

of the Taiwan Institute of Chemical Engineers，2016，66：363-371.

[110] SUN Z，LI C，DU X，et al. Facile synthesis of two clay minerals supported graphitic carbon nitride composites as highly efficient visible-light-driven photocatalysts [J]. Journal of Colloid and Interface Science，2018，511：268-276.

[111] SUN Z，ZHANG X，ZHU R，et al. Facile synthesis of visible light-induced g-C_3N_4/rectorite composite for efficient photodegradation of ciprofloxacin [J]. Materials，2018，11（12）：2452.

[112] HU X，SUN Z，SONG J，et al. Synthesis of novel ternary heterogeneous BiOCl/TiO_2/sepiolite composite with enhanced visible-light-induced photocatalytic activity towards tetracycline [J]. Journal of Colloid and Interface Science，2019，533：238-250.

[113] HU X，SUN Z，SONG J，et al. Enhanced photocatalytic removal of indoor formaldehyde by ternary heterogeneous BiOCl/TiO_2/sepiolite composite under solar and visible light [J]. Building and Environment，2020，168：106481.

[114] HU X，LI C，SONG J，et al. Multidimensional assembly of oxygen vacancy-rich amorphous TiO_2-BiOBr-sepiolite composite for rapid elimination of formaldehyde and oxytetracycline under visible light [J]. Journal of Colloid and Interface Science，2020，574：61-73.

[115] 刘月. N 掺杂纳米 TiO_2-凹凸棒石复合材料的制备及应用 [D]. 北京：中国矿业大学（北京），2009.

[116] 李春全，艾伟东，孙志明，等. V-TiO_2/凹凸棒石复合光催化材料的制备与研究 [J]. 人工晶体学报，2016，45（3）：94-99.

[117] 李春全. TiO_2 高岭石复合材料的改性及可见光催化性能研究 [D]. 北京：中国矿业大学（北京），2019.